論理・集合・数学語

石川剛郎 著

新井仁之／小林俊行／斎藤 毅／吉田朋広 編

数・学・探・検
共立講座

共立出版

刊行にあたって

　数学の歴史は人類の知性の歴史とともにはじまり，その蓄積には膨大なものがあります．その一方で，数学は現在もとどまることなく発展し続け，その適用範囲を広げながら，内容を深化させています．「数学探検」，「数学の魅力」，「数学の輝き」の3部からなる本講座で，興味や準備に応じて，数学の現時点での諸相をぜひじっくりと味わってください．

　数学には果てしない広がりがあり，一つ一つのテーマも奥深いものです．本講座では，多彩な話題をカバーし，それでいて体系的にもしっかりとしたものを，豪華な執筆陣に書いていただきます．十分な時間をかけてそれをゆったりと満喫し，現在の数学の姿，世界をお楽しみください．

「数学探検」

　数学の入り口を，興味に応じて自由に探検できる出会いの場です．定番の教科書で基礎知識を順に学習するのだけが数学の学び方ではありません．予備知識がそれほどなくても十分に楽しめる多彩なテーマが数学にはあります．

　数学に興味はあっても基礎知識を積み上げていくのは重荷に感じられるでしょうか？　そんな方にも数学の世界を発見できるよう，大学での数学の従来のカリキュラムにはとらわれず，予備知識が少なくても到達できる数学のおもしろいテーマを沢山とりあげました．そのような話題には実に多様なものがあります．時間に制約されず，興味をもったトピックを，ときには寄り道もしながら，数学を自由に探検してください．数学以外の分野での活躍をめざす人に役立ちそうな話題も意識してとりあげました．

　本格的に数学を勉強したい方には，基礎知識をしっかりと学ぶための本も用意しました．本格的な数学特有の考え方，ことばの使い方にもなじめるように高校数学から大学数学への橋渡しを重視してあります．興味と目的に応じて，数学の世界を探検してください．

編集委員

はじめに

　この本は，数学の基礎スキル強化本である．
　数学の本を読むとき，著者の言いたいことがわかりたい．数学の講義・講演を聴いてよく理解したい．数学のレポートや論文をうまく書きたい．どう説明を組み立てたらよいか知りたい．そういうときには，必要なスキルというものが存在する．本書は，そのスキルを身につけるための本である．
　探検に必要なのは，好奇心と観察力，観察する道具，装備，食料，靴，帽子，リュック，磁石，地図，地理的な知識，段取り，計画，サバイバル道具，… などであろう．それらに該当する道具が，「数学の探検」でも必要になる．そこで，「数学を探検する」という行為を行うためのスキルに注目した．「数学語」に慣れ親しむように，そしてそのための基礎となる「論理」と「集合」について納得できるように，丁寧に説明する．
　これから数学の勉強を本格的に始めようという方・すでに始めている方，昔，数学の勉強をしたが，もう一度改めて勉強をやり直したいという方，を対象として，数学の基本的な知識とスキルについて書いた．数学のより進んだスキル，たとえば英語表現についても触れた．また，数学の専門家の方にも，指導の資料・ハンドブック，備忘録として本書を活用していただければ幸いである．
　本書では，説明する項目と関連する項目を☞で明示したので，どこからでも読むことができる．例題，演習問題をなるべく多く載せて，さらに解答例を可能な限り丁寧につけている．自主トレーニングも必要なので，例題・演習問題を活用してほしい．なお，この本で扱う数学の素材は，主に，数学の分野によらずに必要となる初等的な整数論，線形代数学，微分積分学，および，有名な

定理や予想などから取った．

　本書を利用することで，数学ができるようになる，ということは保証しない．しかし，数学がわかるようになる．正確に言うと，「わかり方がわかるようになる」，その手助けをしたい．

**　　　この本を読んだ，ならば，数学のわかり方がわかる**

　本書を皆さんの数学の探検のお供にしてほしい．ぜひ有意義で楽しい数学探検の旅を！

石川剛郎

キャラクター紹介

この本の中で活躍する5人組を紹介したい.

　R君　：何事も肯定的に考える. 素直な性格.
　Oさん：やさしい性格で協調性に富む. 社交的. 歌が上手.
　N君　：何事も否定的に考える. 無類のカレー好き.
　R博士：冷静で論理的だが, たまに感情的になることもある. 博識.
　I先生：直観で生きている先生. それなりに見識はあるが, 少し頼りない.

R君, Oさん, N君は同級生. R博士を通して, I先生と知り合った.

目　　次

記号表 　ix

論理・集合・写像の公式集 　x

第 1 章　数学語 　1

1.1　成り立つ 　2
1.2　示す 　2
1.3　〜について，〜に対して，〜に関して 　3
1.4　満たす 　4
1.5　ならば 　4
1.6　従う，導かれる 　6
1.7　〜とおく，〜と定める 　6
1.8　〜とする 　6
1.9　〜のための条件 　7
1.10　逆 　8
1.11　〜のとき，そのときに限り (if and only if) 　9
1.12　〜が必要である 　9
1.13　したがって，よって，ゆえに 　10
1.14　なぜなら 　11

1.15	矛盾する	*11*
1.16	かつ，または	*11*
1.17	〜でない，〜とは限らない	*12*
1.18	求める	*12*
1.19	任意の，すべての	*13*
1.20	ある，存在する	*13*
1.21	一意的	*14*
1.22	たかだか，少なくとも	*14*
1.23	〜をとる	*14*
1.24	定義	*15*
1.25	定理	*16*
1.26	証明	*17*
1.27	うまく定義されている (well-defined)	*17*
1.28	自然な	*18*
1.29	自明な	*18*
1.30	変数，代入	*18*
1.31	カッコ	*19*
1.32	添字	*20*
1.33	シグマ，総和	*21*
1.34	図	*23*
1.35	ドット	*23*
1.36	コンマ「，」の使い方—省略の美とその効果	*24*
1.37	数学の記号の読み方あれこれ	*24*

第 2 章　論理　　　　　　　　　　　　　　　　　　　　　　　　*26*

2.1	命題	*26*
2.2	論理記号	*30*
2.3	ならば	*30*
2.4	同値	*33*

- 2.5 かつ *35*
- 2.6 必要十分条件 *38*
- 2.7 または *39*
- 2.8 「かつ」と「または」の論理法則 *40*
- 2.9 否定 *42*
- 2.10 「かつ」「または」の否定 *43*
- 2.11 「ならば」の書き換え *44*
- 2.12 対偶と逆 *45*
- 2.13 さまざまな推論規則 *47*
- 2.14 任意の，すべての *48*
- 2.15 ある（或る），在る *52*
- 2.16 「任意」「ある」の順序 *53*
- 2.17 恒真命題と恒偽命題 *56*
- 2.18 「任意」「ある」の否定 *57*
- 2.19 「任意」の「または」，「ある」の「かつ」 *59*
- 2.20 反例 *61*
- 2.21 背理法 *63*
- 2.22 ε-N 論法 *65*
- 2.23 ε-δ 論法 *68*

第3章 集合   *73*

- 3.1 集合 *73*
- 3.2 しばしば登場する集合の記号 *78*
- 3.3 集合の相等 *79*
- 3.4 包含関係，部分集合 *80*
- 3.5 空集合 *82*
- 3.6 有限集合と無限集合 *83*
- 3.7 共通部分と和集合 *84*
- 3.8 集合族の共通部分と和集合 *87*

- 3.9 差集合と補集合 89
- 3.10 集合の直積 93
- 3.11 べき集合 95
- 3.12 同値関係 97
- 3.13 同値関係による組分け 100
- 3.14 商集合 103
- 3.15 順序集合 104
- 3.16 整列集合 106
- 3.17 数学的帰納法 108
- 3.18 最大数, 最小数 110
- 3.19 実数の連続性（完備性），上限, 下限 112
- 3.20 ラッセルのパラドックス 115

第4章 関数と写像 117

- 4.1 関数 117
- 4.2 関数の相等 119
- 4.3 写像 121
- 4.4 写像の相等 124
- 4.5 像 125
- 4.6 実数値関数の最大値, 最小値, 上限, 下限 128
- 4.7 写像の性質を表す基本的用語 129
- 4.8 逆写像 133
- 4.9 逆像 134
- 4.10 関数・写像の合成 138
- 4.11 写像の制限 140
- 4.12 恒等写像と包含写像 142
- 4.13 写像と直積 142
- 4.14 商写像 143
- 4.15 集合の濃度 145

4.16 付録：数の構成 149

第5章　実践編・論理と集合　　155
5.1 分析的数学読書術 155
5.2 有名な予想 163
5.3 創造的模倣 165

演習問題の解答例　　169

あとがき　　183

参考文献　　185

索　引　　188

記号表

- $\forall$ ：任意の，すべての．
- $\exists$ ：存在して，存在する．
- F ：偽．
- I ：恒真命題．単位行列．
- T ：真．
- O ：恒偽命題．零行列．
- $:=$ ：左辺を右辺によって定める（数式）．
- $\stackrel{\text{def}}{\iff}$ ：左辺を右辺によって定義する（命題）．
- $\wedge$ ：かつ（論理）．
- $\vee$ ：または（論理）．
- $\cap$ ：共通部分（集合）．
- $\cup$ ：和（集合）．
- $\neg P$ ：命題 P の否定命題．
- $\overline{P}$ ：命題 P の否定命題．
- $\leq$ ：左辺は右辺以下．$\leqq$ と同じ意味（数式）．
- $\geq$ ：左辺は右辺以上．$\geqq$ と同じ意味（数式）．
- $\in$ ：左辺は右辺に属する，左辺は右辺の要素である（集合）．
- $\ni$ ：右辺は左辺に属する，右辺は左辺の要素である（集合）．
- $\setminus$ ：差集合，前者に属し後者に属さないものたち（集合）．
- $\subseteq$ ：左辺は右辺に含まれる（等号の可能性もある）．同じ意味で $\subset$ という記号が使われる場合も多い（集合）．
- $\supseteq$ ：左辺は右辺を含む（等号の可能性もある）．同じ意味で $\supset$ という記号が使われる場合も多い（集合）．

論理・集合・写像の公式集

論理

$(P \wedge Q) \iff (Q \wedge P)$	（定理 2.18）
$P \wedge P \iff P$	（例題 2.19）
$(P \wedge Q) \wedge R \iff P \wedge (Q \wedge R)$	（例題 2.19）
$(R \Rightarrow (Q \Rightarrow P)) \iff ((R \wedge Q) \Rightarrow P)$	（例題 2.21）
$(P \Leftrightarrow Q) \iff ((P \Rightarrow Q) \wedge (Q \Rightarrow P))$	（定理 2.23）
$(P \vee Q) \iff (Q \vee P)$	（定理 2.27）
$P \vee P \iff P$	（例題 2.29）
$(P \vee Q) \vee R \iff P \vee (Q \vee R)$	（例題 2.29）
$(P \vee Q) \wedge R \iff (P \wedge R) \vee (Q \wedge R)$	（定理 2.31）
$(P \wedge Q) \vee R \iff (P \vee R) \wedge (Q \vee R)$	（定理 2.31）
$(P \wedge Q) \vee P \iff P, \quad (P \vee Q) \wedge P \iff P$	（定理 2.32）
$P \wedge \overline{P}$ は偽, $P \vee \overline{P}$ は真	（定理 2.37）
$\overline{P \wedge Q} \iff (\overline{P} \vee \overline{Q})$	（定理 2.40）
$\overline{P \vee Q} \iff (\overline{P} \wedge \overline{Q})$	（定理 2.40）
$(P \Rightarrow Q) \iff (\overline{P} \vee Q)$	（定理 2.43）
$\overline{P \Rightarrow Q} \iff P \wedge \overline{Q}$	（系 2.44）
$(P \Rightarrow Q) \iff (\overline{Q} \Rightarrow \overline{P})$	（定理 2.51）
$((P \Rightarrow Q) \wedge (Q \Rightarrow R)) \implies (P \Rightarrow R)$	（定理 2.54）
$((P \Rightarrow (Q \Rightarrow R)) \wedge (P \Rightarrow Q)) \implies (P \Rightarrow R)$	（例題 2.55）
$(\forall x(Q(x)), P(x)) \iff (\forall x, (Q(x) \Rightarrow P(x)))$	（定理 2.63）

$(\forall x(R(x)),(Q(x) \Rightarrow P(x))) \iff (\forall x,((R(x) \wedge Q(x)) \Rightarrow P(x)))$ (例題 2.65)
$(\exists x(Q(x)), P(x)) \iff (\exists x,(Q(x) \wedge P(x)))$ (定理 2.68)
$\overline{\forall x, P(x)} \iff (\exists x, \overline{P(x)})$ (定理 2.81)
$\overline{\exists x, Q(x)} \iff (\forall x, \overline{Q(x)})$ (定理 2.81)
$\overline{\forall x(Q(x)), P(x)} \iff (\exists x(Q(x)), \overline{P(x)})$ (定理 2.82)
$\overline{\exists x(Q(x)), R(x)} \iff (\forall x(Q(x)), \overline{R(x)})$ (定理 2.82)
$(\forall x, P(x)) \wedge (\forall x, Q(x)) \iff \forall x, P(x) \wedge Q(x)$ (定理 2.87)
$(\forall x, P(x)) \vee (\forall x, Q(x)) \implies \forall x, P(x) \vee Q(x)$ (定理 2.87)
$\exists x, P(x) \vee Q(x) \iff (\exists x, P(x)) \vee (\exists x, Q(x))$ (系 2.88)
$\exists x, P(x) \wedge Q(x) \implies (\exists x, P(x)) \wedge (\exists x, Q(x))$ (系 2.88)

集合

$(S = T) \iff (S \subseteq T \text{ かつ } T \subseteq S)$ (定理 3.14)
$x \in \emptyset$ は偽, $\emptyset \subseteq S$ は真 (定理 3.18)
$S \cap T = T \cap S,\ S \cap S = S,\ (S \cap T) \cap W = S \cap (T \cap W)$ (注意 3.26)
$S \cup T = T \cup S,\ S \cup S = S,\ (S \cup T) \cup W = S \cup (T \cup W)$ (注意 3.26)
$(S \cap T) \cup S = S,\quad (S \cup T) \cap S = S$ (例題 3.27)
$(S \cap T)^c = S^c \cup T^c$ (例題 3.48)
$(S \cup T)^c = S^c \cap T^c$ (演習問題 3.49)
$\{x \in \Omega \mid (x \in S) \Rightarrow (x \in T)\} = (S \setminus T)^c$ (定理 3.50)
$\left(\bigcup_{a \in A} S_a\right)^c = \bigcap_{a \in A} S_a^c$ (例題 3.51)
$\left(\bigcap_{a \in A} S_a\right)^c = \bigcup_{a \in A} S_a^c$ (演習問題 3.52)

関数と写像

$S_1 \subseteq S_2$ ならば $f(S_1) \subseteq f(S_2)$ (例題 4.20)
$f(S_1 \cap S_2) \subseteq f(S_1) \cap f(S_2)$ (演習問題 4.21)
$f(S_1 \cup S_2) = f(S_1) \cup f(S_2)$ (例題 4.24)
$S \subseteq f^{-1}(f(S)),\quad f(f^{-1}(T)) \subseteq T$ (例題 4.49)
$f^{-1}(T_1) \cap f^{-1}(T_2) = f^{-1}(T_1 \cap T_2)$ (例題 4.50)

$$f^{-1}(T_1 \cup T_2) = f^{-1}(T_1) \cup f^{-1}(T_2) \qquad \text{(演習問題 4.51)}$$
$$f^{-1}(\bigcap_{a \in A} T_a) = \bigcap_{a \in A} f^{-1}(T_a) \qquad \text{(演習問題 4.52)}$$
$$f^{-1}(\bigcup_{a \in A} T_a) = \bigcup_{a \in A} f^{-1}(T_a) \qquad \text{(演習問題 4.52)}$$

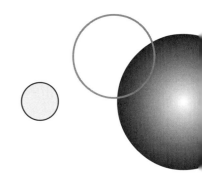

第1章

数学語

・・・はじめに数学語ありき．

　何でもよい，皆さんが持っている数学の本を広げてみてほしい．いろいろな事項が言葉を尽くして説明してある．少し目を遠ざけて眺めてみる．専門用語の他に，

〜のとき，〜について，〜を示せ，よって〜，〜が成り立つ，〜ならば〜，
〜に矛盾する，ある〜について，任意の〜について，
たかだか〜，少なくとも〜，...

などの常套句が多く目につくだろう．これらの言葉は日常使う言葉とは少しだけ異なる意味をもつ．これらの言葉は数学の説明のために使われている特別な言葉である．数学特有の明確な意味をもっていて，常に厳格に注意深く使われている．これらの言葉を「数学語」とよぶことにしたい．数学の講義でも，数学の試験問題にも数学語は使われる．万一，数学語を誤解して読み書きしていると，教科書が理解できない，数学の問題が解けない，数学が上手に表現できない，ということになりかねない．

　このような，数学の本や講義・講演で常用され，理解しておかなければいけない「数学語」の意味を説明する．また，関連して，英語における数学語，「数学英語」にも少し触れる．

1.1 成り立つ

「成り立つ」ということは，ある陳述（命題）が，正しい（真である）ことである．「成り立つ」という表現の他に，「成立する」とか，「正しい」とか，「真（しん）である」などと表現する．英語の hold（自動詞）は，成り立つ，という意味である．

◆**例 1.1** 任意の実数 x について，不等式 $x^2 \geq 0$ が成り立つ．For any real number x, the inequality $x^2 \geq 0$ holds[1].

ある陳述（命題）が成り立つ，とは，それが正しい，ということであるから，上の例の場合，$x^2 \geq 0$ という命題が正しいということである．どんな実数 x についても，2 乗すれば x^2 は 0 以上になる．「正しい」は「真である」と言い換えられる．

✔**注意 1.2** 例 1.1 と同じ主張を，たとえば，「実数 x について，$x^2 \geq 0$」とか，「$x^2 \geq 0 \ (\forall x \in \mathbf{R})$」「$x^2 \geq 0 \ (x \in \mathbf{R})$」などと省略して書く場合もある[2]．読むときは，言葉を補って，例 1.1 のように読み換えるとわかりやすい．

命題が成り立たない場合，すなわち，命題が正しくないとき，命題が偽（ぎ）である，という．

☞ 命題，真，偽 (2.1 節)．任意の (1.19 節)．

1.2 示す

「示す」とは，証明する，という意味をもつ[3]．

◆**例 1.3** 任意の実数 x について，等式 $e^x = \sum_{n=0}^{\infty} \frac{x^n}{n!}$ を示せ．For any real

---
[1] 3 人称単数なので hold は holds になる．
[2] $\in$ は属する，という記号である．集合の記号の一般論については，第 3 章を参照せよ．
[3] 英語では，show あるいは prove と表現する．

number x, show the equality $e^x = \sum_{n=0}^{\infty} \frac{x^n}{n!}$.

◆例 1.4
リーマン仮説を示せ．
とは，リーマン仮説[4]が正しいことを証明せよ，という意味である．

「示す」ということは，成り立つことを示す，という意味であるが，それが実際問題としてどの程度の意味合いをもつかは，文脈・状況に依存する．試験問題であれば，前提として仮定してよい事項，つまり用いてよい事項が通常はっきりしている．例 1.3 では，微分積分の教科書にあるような証明の概要を再現することが期待されているだろう．一方，例 1.4 では，完全な証明が要求される．

類似の用語に，「確かめる」（成り立つことを確かめるの意味）がある．英語では，verify. 数学的に意味の相違はない．

◆例 1.5　任意の実数 x について，等式 $e^x = \sum_{n=0}^{\infty} \frac{x^n}{n!}$ を確かめよ．For any real number x, verify the equality $e^x = \sum_{n=0}^{\infty} \frac{x^n}{n!}$.
☞ 証明 (1.26 節)．

1.3　〜について，〜に対して，〜に関して

主張，陳述や命題で扱う対象を限定・明示するときに使う言葉である．〜について，〜に対して，〜に関して，に数学的な意味の違いはない．英語では for 〜 ということが多い．

◆例 1.6　条件 $0 < x < 1$ を満たす任意の実数 x に対して，不等式 $x^2 < x$ が成り立つ．For any real number x satisfying $0 < x < 1$, the inequality $x^2 < x$ holds.

---

[4](Riemann's hypothesis) ゼータ関数の自明でない零点の実部は $\frac{1}{2}$ である，という仮説（予想）であるが，2015 年現在，未解決である．

1.4 満たす

対象 X に対して，X に関するある条件 $P(X)$ が成り立っているとき，X は $P(X)$ を満たす，という．X satisfies $P(X)$.

ここで，$P(X)$ と書いたのは，$P(X)$ の真偽が X に依存していることを明示するためである．$P(X)$ を単に P と書く場合もある．

◆例 1.7 任意の実数 x は $x^2 \geq 0$ を満たす．Any real number x satisfies $x^2 \geq 0$. この場合，対象 X は実数 x のことであり，$P(X)$ は $x^2 \geq 0$ という不等式で表される命題である．

◆例 1.8 条件 $1 \leq k \leq n$ を満たす任意の自然数 k に対して... For any natural number k which satisfies the condition $1 \leq k \leq n$, ...

☞ 条件（1.9節，あるいは 注意 1.15）．～に対して（1.3節）．

1.5 ならば

ならば，という用語は，数学で非常に多用される言葉である：

$$P \text{ ならば } Q.$$

もし P が成り立つならば，Q が成り立つ，という主張である[5]．

「～なら～」「～のとき～」「～の場合～」という表現も，「～ならば～」と同じ意味で使われる．

P を **前提** (assumption)，Q を **結論** (consequence) という．また，「P ならば Q」が成り立つ場合，P は Q であるための**十分条件** (sufficient condition) とよび，Q は P であるための**必要条件** (necessary condition) とよぶ．

P が成り立っていれば Q が成り立つので，Q が成り立つためには P **が成り立てば十分だ**．だから，P を十分条件とよぶ．また，もし P が成り立っていれば必ず Q が成り立つはずなので，P が成り立つには Q **が成り立つのが必要だ**．だから，Q を必要条件とよぶ．

---

[5] 英語では，If P, then Q. あるいは，Q if P. という表現になる．

数学では，形式論理の「ならば」を使う．日常使う「ならば」とはニュアンスが異なる場合もあるので注意したい．

◆例 1.9　次の主張を考えよう：

X が条件 $P(X)$ を満たすならば，Y は条件 $Q(Y)$ を満たす．

X が条件 $P(X)$ を満たすか，X が条件 $P(X)$ を満たさないか，のどちらかであるが，満たさない場合は問題なし，として，満たす場合には，必ず，Y は条件 $Q(Y)$ を満たす，ということをこの主張は意味している．

大切なところなので繰り返そう．

> 前提 P が正しくない場合は，結論 Q が正しくても正しくなくても，
> 「P ならば Q」という命題自体は正しい．

「P ならば Q」は，P でなければ Q でない，というような"おせっかいな"あるいは"親切な"主張は全然していないのである[6]．

演習問題 1.10　次の命題（主張）の前提と結論は何か．
　(1) この本を読んだ，ならば，数学のわかり方がわかる．
　(2) この本を最後まで読まなかった，ならば，後悔する．
　(3) 数学をよく勉強した，ならば，充実した人生を送ることができる．
☞ 成り立つ（1.1 節），かつ（2.5 節），満たす（1.4 節）．

✔**注意 1.11**　「x が条件 $P(x)$ を満たすならば $Q(x)$ が成り立つ」という型の命題は，次章で説明する論理記号を用いて，$\forall x(P(x)), Q(x)$ と表される．ここで $(P(x))$ の部分は，x に関する条件を表している．同じ意味の命題を，$\forall x, (P(x) \Rightarrow Q(x))$ と表すこともできる．
☞ 任意とならば（定理 2.63）．

---

[6] 極めてクールな世界なのである．（R 博士）

1.6 従う，導かれる

次の英文を訳してみよう：

$$Q \text{ follows from } P.$$

「Q が P から従う」「Q が P から導かれる」という訳をつける．P が Q を導く，という意味である．つまり，P ならば Q が成り立つ，ということである．

次の英文はどうだろう：

$$P \text{ implies } Q.$$

「P は Q を導く」と訳す．あるいは，やはり，「P ならば Q」と訳すこともできる．

☞ ならば（1.5 節）．

1.7 〜とおく，〜と定める

「〜とおく」「〜と定める」は，数式・記号などの定義で使用する言葉である．英語では，put, set, let などを使う．

◆例 1.12　任意の自然数 n に対して，$f_n(x) = \sum_{i=0}^{n} x^i$ とおく．For any natural number n, we put $f_n(x) = \sum_{i=0}^{n} x^i$.

1.8 〜とする

「〜とする」という表現の意味は場合によって意味が異なる．「〜とする」を，何かを仮定する，という意味で使う場合と，「〜とする」を，何かを対象として扱う，という意味で使う場合と，「〜とする」を，前節で説明した，〜とおく，〜と定める，という意味で使う場合がある．

◆例 1.13　(1) P が成り立つとする（仮定）．Let P hold. = Assume that P holds. 命題 P が成り立つと仮定する，という意味．
(2) S を集合とする（対象）．Let S be a set. = Take a set S. 何でもよいから，任意に集合をもってきて，説明・議論する，というニュアンスである．

(3) π を円周率とする（記号）．Let π denote the ratio of the circumference of a circle to its diameter. π で円周率を表しますよ，という意味．

ちなみに，Let 〜 は命令形だとすると，「〜とせよ」と訳すことができる．We let 〜 の省略形だと思うと，「〜としよう」と訳すことができる．

1.9 〜のための条件

「条件」という用語も，数学で多用される．

◆例 1.14　次の問は「〜のための条件」という数学語の使用例である：

問．行列 $A = \begin{pmatrix} 1 & a \\ a & 1 \end{pmatrix}$ が正則行列になるためのスカラー a の条件を求めよ．

十分条件と必要条件という用語がある．

- 「P ならば Q」が成り立てば，Q は P の必要条件であるという．
- 「R ならば P」が成り立てば，R は P の十分条件であるという．
- 「P ならば S」が成り立ち，「S ならば P」が成り立てば，S は P の必要十分条件であるという．

いま，正方行列 A に関する命題 $P = P(A)$ を，

$$P : A \text{ が正則行列である．}$$

と定める．命題 $Q = Q(A)$ を，

$$Q : A \text{ が零行列でない．}$$

と定める．「P ならば Q」が成り立つので，Q は P の必要条件である．命題 $R = R(A)$ を，

$$R : A \text{ は単位行列である．}$$

と定める.「R ならば P」が成り立つので,R は P の十分条件である.命題 $S = S(A)$ を,

$S : A$ の行列式 $\det(A)$ が 0 でない.

と定める.「P ならば S」が成り立ち,「S ならば P」が成り立つので,S は P の必要十分条件である.

上の問では,必要十分条件を求めることが要求されていると考えられる.したがって,正解は,

> **解.** $\det(A) = 1 - a^2 \neq 0$ より,$a^2 \neq 1$ すなわち $a \neq \pm 1$

となる.ここで,$a \neq \pm 1$ は $a \neq 1$ かつ $a \neq -1$ という意味である.

なお,$a \neq 1$ という答えは,必要条件であるが十分条件でないので不正解である(十分性が十分に吟味されていない).また,$a = 0$ という答えは,十分条件であるが必要条件でないので不正解である(必要性を考える必要がある).
☞ 必要十分条件 (2.6 節).条件文 (2.1 節).

✔ **注意 1.15**(**条件と性質の違い**) 条件 (condition) と性質 (property) という用語の使い方の違いは何か.どちらも,扱っている対象に関する 1 つの主張の形で述べられることは類似している.2 つの用語のニュアンスの違いは,次の通りである.すなわち,

主張に注目し,その主張が成り立つかどうかで対象を規定するときは「条件」,
対象に注目して,その対象について成り立つ主張を述べるときは「性質」,

という意識上の区別があると考えてよいであろう.

1.10 逆

命題「P ならば Q」の**逆** (converse) とは,命題「Q ならば P」のことである.

◆**例 1.16** 「美しいものにはトゲがある」という言葉を「美しい,ならば,トゲがある」と解釈すれば,その逆は,「トゲがあれば美しい」となる.

◆例 1.17　命題「$x \geq 2$ ならば $x \geq 1$」の逆は，命題「$x \geq 1$ ならば $x \geq 2$」である．

　命題「P ならば Q」が成り立つからといって，その逆の命題「Q ならば P」は必ずしも成り立たない．「逆も真なり」は正しい論法ではなく，「逆，必ずしも真ならず」が正しい見識である．
☞ 対偶と逆 (2.12 節).

◆例 1.18　任意の実数 x について，「$x \geq 2$ ならば $x \geq 1$」が成り立つが，その逆「$x \geq 1$ ならば $x \geq 2$」は必ずしも正しくない．正しくないような実数 x がある．実際，$2 > x \geq 1$ の場合，$x \geq 1$ は真であるが，$x \geq 2$ は偽である．よって，このような x について，「$x \geq 1$ ならば $x \geq 2$」は偽である．

1.11　〜のとき，そのときに限り (if and only if)

必要十分条件の意味である．

◆例 1.19　行列 $A = \begin{pmatrix} 1 & a \\ a & 1 \end{pmatrix}$ が正則行列になるのは，$a \neq \pm 1$ のとき，そのときに限る．The matrix $A = \begin{pmatrix} 1 & a \\ a & 1 \end{pmatrix}$ is a regular matrix if and only if $a \neq \pm 1$.
☞ 必要条件，十分条件，ならば (1.5 節).

1.12　〜が必要である

　日常語と数学語ではニュアンスが多少異なる場合がある．「〜が必要である」という用語もそうである．

◆例 1.20 (必要条件)

君には努力が必要である．

という文章を考えよう．これを補うと，「君の目標を達成するためにはさらに努力が必要である」となる．この意味は，「君が目標を達成した，ならば，君は努力した（はずだ）」ということである．努力は，あくまで必要条件である．目標を達成するには，努力以外の要素（素質とか環境とか）が必要かもしれない，ということである．ここで，著者自身にとって感慨深い文例を挙げておく：

> よい本を書くには，さらに努力が必要である．

◆例 1.21（必要条件と必要十分条件の違いがわかる明確な例） 次のような問と，その問に関する答案の例を見てみよう．

> 問．方程式 $x = \sqrt{2x^2-1}$ の実数解を求めよ．
> 答．方程式 $x = \sqrt{2x^2-1}$ の両辺を2乗して，$x^2 = 2x^2 - 1$．よって，$x^2 = 1$．したがって，$x = \pm 1$ … （答）．

上の答案は推論としては悪くないが，残念ながら正解ではない．減点されるだろう．なぜなら，$x=1$ は解であるが，$x=-1$ は解ではないからだ．実際，$x=-1$ を方程式に入れてみると，$-1=1$ となって方程式が成り立たないことがわかる．最後に，本当にそれが解であるかどうか吟味しなければいけない状況であったのだ．

なぜ間違えたのか．なぜ最後に実際に解かどうか吟味しなければいけなかったのか．その理由は簡単だ．方程式を解く際，「$x = \sqrt{2x^2-1}$ の両辺を2乗して，$x^2 = 2x^2-1$」というステップで，方程式の"情報"を落としていたからである．すなわち上の答案は必要条件で押していく推論であり，必要十分条件のまま推論しているわけではなかったということだ．条件「$x^2 = 2x^2-1$」は，条件「$x = \sqrt{2x^2-1}$」のための必要条件であって，十分条件ではない．だから，まさに「不十分」な答案だったわけである．

1.13 したがって，よって，ゆえに

P ならば Q という主張が成り立っていることはわかっていて，さらに，P が成り立つことが示された時点で，したがって Q が成り立つ，ということにな

る．記号で，∴と表す場合もある[7]．∴という記号は，したがって，このとき，よって，ゆえに，then, therefore, hence などと読めばよい．

1.14 なぜなら

ある主張の後に，その理由を述べるときに使う言葉である．記号で，∵と表す場合もある．∵ は，なぜなら，その理由は，なんとなれば，と読めばよい．英語では，because, since, for などを使う．
☞ 証明（1.26節）．

1.15 矛盾する

数学で，ある命題 P と別の命題 Q が矛盾するとは，P と Q が同時には成り立たないことである．特に，命題 P と P の否定命題は同時には成り立たないので矛盾する．
☞ 排中則（注意 2.38）．

◆**例 1.22** 命題 $x=0$ と命題 $x=1$ は矛盾する．

矛盾 (contradiction) に関連する方法として，**背理法** (proof by contradiction) がある．

ある命題 P が正しいことを示したいとき，その目的のために，敢えて，その命題 P を否定してみる．つまり，P の否定命題を仮定する．その後，論理的に推論していって，矛盾を導くことができれば，その結果，命題 P が成り立つことがわかる，という論法である．背理法は数学の論証において大事な方法である．
☞ 〜でない（1.17節）．否定命題（2.9節）．背理法（2.21節）．

1.16 かつ，または

「かつ」は and の意味，「または」は or の意味である．

---
[7]しかし，この記号は，国際性があまりない記号のようである．

P かつ Q は，P と Q の両方を意味する．P または Q は，P または Q の少なくともどちらかは，という意味である．「または」は，2 者択一ではない．
☞ かつ（2.5 節），または（2.7 節）．

1.17 〜でない，〜とは限らない

否定の表現である．「〜でない」と，「〜とは限らない」では意味に違いがある．

◆例 1.23　実数 x について，命題 $x > 0$ の否定は，命題 $x \leq 0$ である．

◆例 1.24　ある条件の下で実数 x について議論しているときに，「$x > 1$ でない」とは，「$x \leq 1$」ということである．また，「$x > 1$ とは限らない」とは，「$x \leq 1$ の場合もある」ということである．
　「$x^2 > 1$ ならば $x > 1$，でない」（$x^2 > 1$ ならば $x > 1$ の否定）は，「$x^2 > 1$ であっても $x > 1$ とは限らない」と言い換えられる．

◆例 1.25（1 次独立性・従属性の定義）　定義：ベクトル $v_1, v_2, \ldots, v_r$ が 1 次独立とは，任意のスカラー $c_1, c_2, \ldots, c_r$ について，「$c_1 v_1 + c_2 v_2 + \cdots + c_r v_r = \mathbf{0}$ ならば $c_1 = 0, c_2 = 0, \ldots, c_r = 0$」が成り立つことである．ベクトル $v_1, v_2, \ldots, v_r$ が 1 次従属とは，1 次独立でないことである．すなわち，すべてが 0 ではないスカラー $c_1, c_2, \ldots, c_r$ があって，$c_1 v_1 + c_2 v_2 + \cdots + c_r v_r = \mathbf{0}$ が成り立つことである．
☞ 「任意」「ある」の否定（2.18 節）．

1.18 求める

ある問いに対する答えを導く，ある条件を満たすもの（解）をすべて列挙する，などという意味である[8]．

---

[8] 数学の試験問題の場合，「求めよ」ということは，解を 1 つ見つける，というより，解をすべて見つけて，それらで解がすべて尽くされていることを示す，というところまで通常は要求されている．

◆**例 1.26** 方程式 $x = \sqrt{2x^2-1}$ の実数解を求めよ．

1.19 任意の，すべての

「任意の」は，すべての，という意味であり，英語なら，any とか every などという意味である．

論理記号では，$\forall$ である．

「任意」と「すべて」は日常語ではニュアンスが若干異なるが，数学語としては，全く同じ意味に用いる．

◆**例 1.27** 4 以上の任意の偶数は素数 2 つの和として表すことができる．Any even number which is equal to or greater than 4 is expressed as a sum of two prime numbers[9]．
☞ 有名な予想 (5.2 節)．

1.20 ある，存在する

数学では，「ある」とは「少なくとも 1 つの～については」という意味，あるいは，「～というものが在る」という意味で使う．

論理記号では，$\exists$ である．

英語では，for some ～, for a ～, there exists ～ などと表す．

◆**例 1.28** ガウスの定理：n を正の整数とし，$F(x)$ を複素係数 n 次多項式とする．このとき，ある複素数 z について $F(z) = 0$ となる．

(Gauss' theorem) Let n be a positive integer and $F(x)$ a polynomial of degree n with complex coefficients. Then $F(z) = 0$ holds for some complex number z.

英文の中で，for some complex number は for a complex number と言っても同じ意味になる．

---

[9]この命題の真偽は，2015 年現在未解決である．

1.21 一意的

「一意的」とは，ただ 1 つ，という意味である．英語では unique（形容詞）という．

◆例 1.29 (1) 方程式 $f(x) = a$ の解 x は一意的である．A solution x of the equation $f(x) = a$ is unique.
(2) 方程式 $f(x) = a$ の解 x が一意的に存在する．There exists uniquely a solution x of the equation $f(x) = a$.

1.22 たかだか，少なくとも

数量の評価の話である．「たかだか」は多くても，という意味である．英語で at most である．

「少なくとも」は at least である．

◆例 1.30 $\lim_{n \to \infty} a_n > 0$ ならば，たかだか有限個の n を除いて，$a_n > 0$ である[10]．If $\lim_{n \to \infty} a_n > 0$, then $a_n > 0$ except for at most a finite number of n.

1.23 〜をとる

「〜をとる」とは，〜を選ぶ，あるいは，〜に注目して議論する，といった意味である．また，関数の値などの場合に，〜になる，という意味で使われることもある．英語では，take.

◆例 1.31（〜をとる ＝ 〜を選ぶ ＝ take 〜）

Take a real number x which is not negative.

は，負でない実数を 1 つ選びなさい，という意味である．

---

[10]ここでの主題とは関係ないが，ちなみに，「$\lim_{n \to \infty} a_n \geq 0$ ならば，たかだか有限個の n を除いて，$a_n \geq 0$ である」という命題は成り立たない．たとえば，$a_n = -\frac{1}{n}$ を考えるとわかる．

◆例 1.32（〜をとる ＝ 〜になる ＝ take 〜）

関数 $f(x) = \sin x$ は $x = \frac{\pi}{2}$ で値 1 をとる.

という文は，$f(\frac{\pi}{2}) = 1$ という意味である.

The function $f(x) = \sin x$ takes the value 1 at $x = \frac{\pi}{2}$.

1.24 定義

数学を勉強する場合,「定理は大事だから覚えるが,定義は覚えなくてもよい」と勘違いしている人がいる．しかし，定義も極めて大切である．定義があやふやでは，論理的な推論ができないからだ.

数学の本の中で，いろいろな概念・用語を定義することはもちろん多い．その際，日常語の「ならば」が使われる場合があるので注意したい．たとえば,

> **定義**：関数 $f(x)$ が開区間 I の各点で微分可能ならば，$f(x)$ は I で微分可能であるという.

という表現が使われる場合がある[11]．この「ならば」は，数学語ではなく，日常語のならばである．ここでは，「$f(x)$ は開区間 I で微分可能である」ということを定めたいのだから，「$f(x)$ は I で微分可能である」というのは，$f(x)$ が開区間 I の各点で微分可能のとき，そのときに限っているよ，という主張を（日常語のように）暗黙のうちに含んでいる．したがって，$f(x)$ が I のある点で微分可能でなければ，そうは言わないよ．定義は適用されないよ．前提が偽のときにも定義を採用したら，定義している意味がなくなるからね，ということだ.

定義の際は「ならば」という言葉の使用をなるべく控え,「ならば」の代わりに,「〜のとき，そのときに限り」の省略の意味で,「〜のときに」を用いて区別するとよいであろう：

> **定義の書き換え**：関数 $f(x)$ が開区間 I の各点で微分可能のとき，$f(x)$ は I で微分可能であるという.

---

[11]英語では, If a function $f(x)$ is differentiable at each point of the interval I, then $f(x)$ is called differentiable on I.

必要十分条件の論理記号 $\iff$ を用いて,

$f(x)$ が I で微分可能である $\iff f(x)$ が I の各点で微分可能である.

と書いたり,

$f(x)$ が I で微分可能である $\overset{\text{def}}{\iff} f(x)$ が I の各点で微分可能である.

と書いたりした方が誤解がより少なくなる．（ここで，左の概念・用語・言い回しを右によって定義する定型を意識してほしい.）

☞ 〜のとき，そのときに限り (1.11 節)．ならば (1.5 節)．必要十分条件 (2.6 節)．

1.25 定理

「命題」とは，真偽がはっきり決まっている主張のことである．したがって，「真である命題」と，「偽である命題」がある．そのうち真である命題を「定理」とよぶ[12]．もちろん，「定理」が本当に真であるかどうか判定するには証明が要る．また，1 つ 1 つの「定理」は，数学の理論の中での役割に応じて，「定理」「補題」「命題」[13]「系」などと区別してよばれる場合がある．

数学の主張のほとんどは，〇〇ならば△△，という形をしている．

次章で改めて説明する論理記号を用いて書くと，ある命題 P, Q を用いて,

$$P \Longrightarrow Q$$

という形で表される主張である．P は定理の「前提」(assumption) である．Q は定理の「結論」(conclusion) である．前提が満たされているとき，つまり，前提が正しいとき，結論が成り立つ，つまり結論が正しい，ということを主張している．

前提が偽であっても，主張自体は真である．

もし，そういうことでないと，数学の定理自体が，「前提が真であっても偽であっても，常に正しい」ということでなくなってしまう．それでは困る．非常に困る．そんな数学ではダメだ．定理は常に正しい，そういうものを定理というわけだ．定理は常に正しいのだ．

☞ ならば (1.5 節, 2.3 節)．

---
[12] 数学者は「定理」を発見することに年中血眼になっている人種である．（I 先生）
[13] この「命題」は「真である命題」の意味で使用される．

◆**例 1.33** 次の定理を見てみよう．

> **定理**．関数 $y = f(x)$ が $x = a$ で微分可能であるならば，$f(x)$ は $x = a$ で連続である．

命題 P を「関数 $y = f(x)$ が $x = a$ で微分可能である」とし，命題 Q を「$f(x)$ は $x = a$ で連続である」とする．定理は $P \Rightarrow Q$ の型をしている．前提の P が偽，すなわち，関数 $y = f(x)$ が $x = a$ で微分可能でない場合でも，定理 $P \Rightarrow Q$ 自体はもちろん正しい．

1.26 証明

「証明」とは，ある命題が成り立つことを，すでに成り立つことがわかっている他の命題・定理，および，議論の大前提（いわゆる公理や無定義語など）を用いて，論理的に導くことである．言い換えると，ある命題 Q が成り立つことを示すために，いくつかの命題 $P_1, P_2, P_3, \ldots$ と関連づけて，

$$(P_1 \text{かつ} P_2 \text{かつ} P_3 \text{かつ} \cdots) \text{ ならば } Q$$

が成り立つことを示し，さらに，P_1 が成り立つこと，P_2 が成り立つこと，P_3 が成り立つこと，... を示すことで，Q が成り立つことを丁寧に示す．説明の仕方・順序は多様であるが，基本的には，このような方法で証明を行う．

このとき，「論理的に導く」という点が重要である．感覚に訴えたり，権威をかざしたりしてはいけない．独善的ではなく，段階を踏めば，万人が納得する（ことが可能である）説明でなければならない．理解しようとする意思に対する障害を極力取り除かなければいけない[14]．

1.27 うまく定義されている (well-defined)

現代数学において，新しい概念や集合や写像などを定める必要が生じる．その際，その定義が正当なものか，その意味が厳密なものか，確認することが要

---

[14] そういう意味で，証明という手段は「ユニバーサル・デザイン」の一種である，とも言える．（I 先生）

請される．そのような状況で使用される高度な用語である．
☞ 集合 (3.1 節)．写像 (4.3 節)．

1.28　自然な

「自然 (natural, canonical) な理論」「自然な定理」「自然な概念」「自然な構成」「自然な証明」は，数学では皆，ほめ言葉である．だが，何が自然で，何が自然でないか，という判断は，ある程度の経験に裏打ちされた直観が必要である．

1.29　自明な

「自明 (trivial, トリビアル) な理論」「自明な定理」「自明な概念」「自明な構成」「自明な証明」は，ほめ言葉ではないが，けなしているわけでもない．何が自明で，何が自明でないか，という判断にも，ある程度の経験に裏打ちされた直観が必要である．

◆例 1.34　連立一次方程式 $A\boldsymbol{x} = \boldsymbol{0}$ の解のうち，$\boldsymbol{x} = \boldsymbol{0}$ を自明な解とよぶ．$\boldsymbol{x} = \boldsymbol{0}$ は方程式の解であるが，すぐに見つかる解なので，自明，とよんでいるわけである．自明な解も大事な解である．

1.30　変数，代入

数学には，「変数」(variable)，たとえば x とか t というものが登場する．関連して「文字式」というものもある．「変数」とは，通常，「変わり得る数」を表す．変数が発明（発見）されて，代数学が誕生した．変数が変わる範囲は，意味をもつ範囲内でなるべく自由にとる．とりあえず，実数のある範囲を動くと考えてもよい．そうでない場合は，誤解の生じないように，変数の動く範囲が明示されるか，あるいは，わかりやすいように"変数"の記号を変えるのが通常である．

次の例は，変数や代入の概念を使う高度な例である：

◆例 1.35 (ケーリー・ハミルトン (Cayley-Hamilton) の定理)　n 次正方行列 A の固有多項式（特性多項式）$\Phi_A(x)$ について，$\Phi_A(A) = O$ が成り立つ．

ただし，n 次正方行列

$$A = \begin{pmatrix} a_{11} & a_{12} & \cdots & a_{1n} \\ a_{21} & a_{22} & \cdots & a_{2n} \\ \vdots & \vdots & \ddots & \vdots \\ a_{n1} & a_{n2} & \cdots & a_{nn} \end{pmatrix}$$

の固有多項式 $\Phi_A(x)$ は，

$$\Phi_A(x) := \det(xI - A) = \begin{vmatrix} x - a_{11} & -a_{12} & \cdots & -a_{1n} \\ -a_{21} & x - a_{22} & \cdots & -a_{2n} \\ \vdots & \vdots & \ddots & \vdots \\ -a_{n1} & -a_{n2} & \cdots & x - a_{nn} \end{vmatrix}$$

で定義される．I は単位行列を意味する．たとえば，$n = 2$ のとき，

$$\Phi_A(x) = \begin{vmatrix} x - a_{11} & -a_{12} \\ -a_{21} & x - a_{22} \end{vmatrix} = x^2 - (a_{11} + a_{22})x + (a_{11}a_{22} - a_{12}a_{21}).$$

このとき，$\Phi_A(A)$ は，多項式 $\Phi_A(x)$ の x に A を代入し，定数項は単位行列のスカラー倍と見なして得られる行列のことである．したがって，ケーリー・ハミルトンの定理は，$n = 2$ の場合，

$$A^2 - (a_{11} + a_{22})A + (a_{11}a_{22} - a_{12}a_{21})I = O$$

が成り立つことを意味する．ここで，スカラーの場合は $x^0 = 1$ であり，数字の 1 に対応する行列は単位行列 I であるから，行列の場合も，$A^0 = I$ とすれば考えやすい．

1.31　カッコ

カッコ（括弧，かっこ）は，数式を理解するときの重要な「しるし」である．演算の順番や，関数・写像の変数やパラメータを明示するときに用いる．

◆例 1.36　$(u+v)+w = u+(v+w)$

　カッコはつけた方がわかりやすい．数式には積極的にカッコをつけよう．

✔注意 1.37（2 重カッコ，3 重カッコ）　カッコが重なる場合，初心者向きにカッコの形を区別して書くこともあるが，数学の専門書では，単純なカッコ（ ）を何重にも重ねて使うので注意したい．たとえば，
$$v \in \mathbf{R}^n \text{ に対し，} f(v) \in (\mathbf{R}^n)^* \text{ を，} (f(v))(u) = v \cdot u \ (u \in \mathbf{R}^n) \text{ で定める．}$$
とか，
$$(A \cap (B \cup C)) \cup D$$
などといった使い方である．

　このように (2 重 3 重のカッコを含んだ) カッコの多い数式を扱うには，まず，

(1) "浅い"（外側の）カッコから"深い"（内側の）カッコへ徐々に見ていって，
(2) 一番深いカッコの中をひと固まりであると捉えて，
(3) 次々に深いカッコから浅いカッコにさかのぼって考察していく，

ということが基本となる．上の場合，$f(v)$ でひと固まり，と見る．その変数が u である，と理解する．また，$(B \cup C)$ をひと固まりと見て，次に $A \cap (B \cup C)$ ができて，その後で，$(A \cap (B \cup C)) \cup D$ を考える，と見ればよい．
☞ 写像（4.3 節）．共通部分，和集合（3.7 節）．

1.32　添字

　添字（そえじ）とは，数式の中での下付きあるいは上付きの文字のことである．数式に添字はつきものである．ある対象の変数（パラメータ）のうちの全部または一部を添字とすれば，数式を扱いやすくなる．添字を"添え物"のように錯覚して軽視しがちだが，添字は数学を読み解く際の鍵になる場合も多い．

◆例 1.38　数列 $\{a_n\}_{n=1}^{\infty}$ を表す場合の n が添字である．n は 1 以上の自然

数を動く．a_n は（離散変数 n に関する）関数 $a(n)$ と書いてもよいものであるが，添字を使えば，カッコを（格好よく）省略できる．

✔ **注意 1.39** 数列を"中カッコ"を使って $\{a_n\}$ と囲むのは，集合の記号（3.1 節）と紛らわしいが，ここでは，慣習に従った．"丸カッコ"を使って (a_n) と表した方が紛れが少ないので，本書の後半では，数列を記号 (a_n) で表している．

◆**例 1.40** 行列 $(a_{ij})_{1 \le i \le m, 1 \le j \le n}$ の成分 a_{ij} の i, j は添字である．a_{ij} を $a_i{}^j$ と書く場合もある．

◆**例 1.41** 関数の族 $f_a(x)$ $(a \in A)$ の場合，x は変数，a が添字である．A は添字 a の動く範囲である．$f_a(x)$ を $f(x, a)$ と書けば，x と a が対等な変数となる．$f_a(x)$ と書くのは，x が主，a が従，というように，役割を区別したい場合が多い．

◆**例 1.42（2 重添字）** 数列 $\{a_n\}_{n=1}^{\infty}$ を一般論で扱う場合を例にとる．この数列から，2 つの数を取り出すときは，a_i, a_j と書くことができる．i や j はある自然数を表している．もっとたくさんの数を取り出したいときはどう記したらよいか．m 個取り出すときは，$a_{i_1}, a_{i_2}, \ldots, a_{i_m}$ というように，**2 重添字**を使うと便利である．ここで，$i_1, i_2, \ldots, i_m$ はある自然数を表している．記号 i は，いわば"ダミー"であって，特に意味はない．たとえば，$a_{j_1}, a_{j_2}, \ldots, a_{j_m}$ と記しても，同じ意味になる．

1.33 シグマ，総和

総和の記号である"シグマ"Σ も数式によく登場する．

◆**例 1.43**

$$a_1 b_1 + a_2 b_2 + a_3 b_3 + \cdots + a_{n-1} b_{n-1} + a_n b_n = \sum_{i=1}^{n} a_i b_i$$

である．なお，b_i の添字を上付きにして b^i と表すとき，$\sum_{i=1}^n a_i b^i$ を $a_i b^i$ と略記する方法もある（アインシュタインの規約）．これは，添字の動く範囲が事前にはっきりしている場合，同じ添字が上下にあれば総和を意味する，という規約である．

✔ **注意 1.44（記号の一斉変換）** 数列の総和などの場合，総和に関与する添字を一斉に変換しても変わらない：
$$\sum_{i=1}^n a_i = \sum_{j=1}^n a_j.$$
記号 i を別の記号 j に一斉に変換しているだけである．両辺ともに
$$a_1 + a_2 + a_3 + \cdots + a_{n-1} + a_n$$
を表している．したがって両者は等しい．

◆ **例 1.45（2 重シグマ）**
$$\sum_{i=1}^m (\sum_{j=1}^n a_{ij}) = \sum_{j=1}^n (\sum_{i=1}^m a_{ij})$$
が成り立つので，両者を単に $\sum_{i=1}^m \sum_{j=1}^n a_{ij}$ で表す．

演習問題 1.46 $\sum_{i=1}^m (\sum_{j=1}^n a_{ij}) = \sum_{j=1}^n (\sum_{i=1}^m a_{ij})$ を示せ．

✔ **注意 1.47** 総和 $\sum_{j=1}^n a_{ij}$ の添字 j を一斉に i に書き換えて，$\sum_{i=1}^n a_{ii}$ としてよいかと言うと，そうはいかない．添字の書き換えは，関与している他の文字とは異なるものを使用しなければいけない．実際，
$$\sum_{j=1}^n a_{ij} = a_{i1} + a_{i2} + a_{i3} + \cdots + a_{i,n-1} + a_{in}$$
であるが，
$$\sum_{i=1}^n a_{ii} = a_{11} + a_{22} + \cdots + a_{n-1,n-1} + a_{nn}$$
となり，両者は異なるものになる．

1.34 図

図とはどういう意味だろうか.「図示せよ」という要求にどう答えたらよいだろうか. 答えについては読者の皆さんの見識に任せるが, 狭義には, 図とは, 簡単な平面図形のことを指している.「図示」というものは, 直観的・教育的な概念と言ってよい. しかしながら, 図は, 現在でも説明のための重要な手段である. その他に, 3D, CG, ホログラフ, 動画, など説明手段は増えているが, 手書きの平面図の手軽さは捨てがたい.

☞ ベン図（注意 3.25）. グラフ（4.1 節）.

1.35 ドット

3 個以上のドット ... は, 数学でたびたび用いる省略記号である.

◆**例 1.48** 有限だが, 個数が多数あるいは任意の場合,
$$a_1, a_2, \ldots, a_n$$
などと省略して表す. 省略しないで表すとすると,
$$a_i \ (1 \leq i \leq n)$$
となる. ... を使った方が, あいまいさがある一方, 視覚的効果に優れている.

◆**例 1.49** 無限数列 $a_n \ (1 \leq n)$ は, $(a_n)_{n=1}^{\infty}$ と表したり, $\{a_n\}_{n=1}^{\infty}$ と表したりするが,
$$a_1, a_2, a_3, \ldots, a_n, \ldots$$
という具合に, ... を使って表すこともできる.

一方, $\cdots$ は, 多くの掛け算を略記するときなどに用いる（点の位置に注意せよ）. また, 大きなサイズの行列の成分を略記するときに用いる場合もある.

◆**例 1.50** $n! = n \cdot (n-1) \cdot \cdots \cdot 3 \cdot 2 \cdot 1$.

☞ 例 1.35

1.36 コンマ「,」の使い方—省略の美とその効果

◆例 1.51 「x, y を実数とする」は，x も y も実数である，という意味である．すなわち「x が実数であり，かつ，y が実数である」という意味である．

◆例 1.52 次の推論を見てみよう：
$$(x-a)^2 + (y-b)^2 = 0. \quad \therefore x = a, y = b.$$
この場合は，$x = a, y = b$ は，$x = a$ かつ $y = b$ という意味である．では，次の場合はどうか．
$$(x-a)(x-b) = 0. \quad \therefore x = a, b.$$
この場合は，$x = a, b$ は，$x = a$ または $x = b$ という意味である．
$$(x-a)(y-b) = 0. \quad \therefore x = a, y = b.$$
この場合も，$x = a, y = b$ は，$x = a$ または $y = b$ という意味である．このように，文脈によってコンマの意味が異なってくる．実におもしろい[15]．

1.37 数学の記号の読み方あれこれ

a' は英語式には a プライムと読む．国際的には a ダッシュとは読まないようだ．a ダッシュだと，a- になる．しかし，数学では a- という表現をすることはないので，海外でも a' を a ダッシュと読んでも十分理解してもらえると予想する．なぜなら，話相手は当然知的な人であり，推測して十分理解してくれると期待できるからだ．とにかくこちらの言いたいことが正しく伝わればよい．

a^* は a アスタリスク，または a スター，または a 米印，と読めばよい．

$\tilde{a}$ は a ティルダー，または，a なみ，と読めばわかる．

$\bar{a}$ は a バー，または，a ぽー，でよいだろう[16]．

---

[15]誤解を招かないように，「または」の意味でコンマを使うときは，「または」と明記することを皆さんにはお勧めする．(I 先生)

[16]些細なことだが，なるべく国際性のある表現を普段から心がけておくことをお勧めする．(I 先生)

余談　数学の説明の型

N君　：数学の試験なんか嫌いだな．答えが合っているのに減点されたよ．
Oさん：それはかわいそうね．
R君　：ぼくは説明不足っていつも言われるよ．でも上手に説明するのは難しいよ．どこまで詳しく書けばいいかもわからないし...
Oさん：先生に尋ねてみましょう．先生はいますか？
R博士：いまは出張中みたいね...
Oさん：試験の答案の書き方のコツとか聞きたくて...
R博士：そうね... 私が代わりに答えておくと，まず，論理的に書くことを心がけることね．論理的に破綻していちゃダメよ．でも，最初は，まず型を覚えて，その真似をして答えを書いてみることね．
Oさん：「型」って何ですか？
R博士：数学の文章の形式よ．「～だから～が成り立つ．したがって～」みたいな．
R君　：そういえば，高校のとき，数学の問題の模範解答を暗記しました．
R博士：それもいいけど，その解答の「枠」っていうのかな，結局，ロジックということになるんだけど，押さえておくキーポイントというか，流れというか，それを意識して身につけることが大事．
一同　：全然わかりませ～ん．
R博士：型を身につけることが大事．型がないと「型なし」になる．型がないと「型やぶり」もできないわ．
Oさん：ダジャレですか．

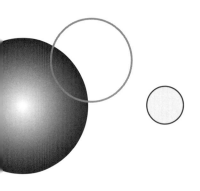

第 2 章

論理

・・・最後に頼れるのは論理だけ．

論理は常にそこにあり，裏切ることはない．ただし，扱い方を間違えると，全然言うことをきかない．

数学の文章や数式には論理記号が隠れている．数学の専門書を読むとき，わかりづらい箇所には，その文章の陰に論理記号が絡み合っている．だからわかりづらい．

したがって，それらの隠れた論理記号を解きほぐして明示する作業をわれわれ読者自身でやらなければいけない．数学の文章から，数式も含めて，「隠れた論理記号を明示する作業」をわれわれ自身で実行して，数学的な内容を推測して納得する必要がある．本章では，その作業のための基礎と実例を示す．

論理の基礎については，日本語で（母国語で）身につけておけば十分なので，英語表現は割愛し，第 5 章の実践編で再び扱うことにする．

2.1 命題

数学は命題の真偽を調べる学問である．

数学は真偽に関する学問である．真偽に関する洗練された学問である．

数学は真偽を扱い，善悪は扱わない．さらに，真偽がわかった後で，「美しい

かどうか」や,「重要かどうか」ということも考慮する[1].

繰り返す.数学は命題の真偽を調べる学問である.ここで,命題とは,真か偽がはっきり決まっている,あるいは,はっきり決めることが可能である陳述や主張のことである.

◆例 2.1　次は命題の例である.

(1) $1+1=2$.
(2) $a^2=-1$ となる実数 a は存在しない.
(3) $1+1=3$.

(1)(2) は真である.(3) は偽である.

◆例題 2.2　次の主張は命題か命題でないか？

(1) この本はわかりやすくて,とても読みやすくて,ためになる.
(2) 日本は世界で一番住みやすい国である.
(3) 美しいものにはトゲがある.
(4) 2015 年現在,フィールズ賞を受賞した日本の数学者が 3 人いる.
(5) $ab=0$ ならば $a=0$ または $b=0$ である.

例題 2.2 の解答例.　このままでは,もちろんどれも厳密な意味での命題ではない[2].用語の意味が明確でないからだ.用語の意味をはっきりさせて真偽が決

---

[1] 美しいウソ,大事な間違いは,そのままでは無価値である.そのような偽の命題は,美しく重要な真理を発見するための第一段階になることもあるが,そのままでは数学的に価値はゼロである.ともかく,まず真偽がわからなければ話にならない,数学にならない.

[2] 日常で扱う主張・陳述は,そのままでは厳密には命題とは言えない.適切に補って解釈して理解したら真偽がはっきりする場合,それらを命題として扱っている.数学の世界では,ほとんどの主張が正しいか,間違っているか,はっきりしている.だから,数学の文章の場合,説明がはっきりしていれば命題として扱ってよい.一方で数学は汎用性がある学問である.数学以外の他の分野に数学を応用する場合も多い.その際に考察する主張は,「必要があれば明確化されるべき主張,真偽がはっきりする主張」というふうに捉えておけばよい.そう考えるのが科学的に健全な態度であろう.したがって,社会で重要な主張をどのようにして明確化して厳密な命題と見るか,そしてその命題の真偽を,既存の成果と比較しながら,どのように研究するか,という点も数学にとって不可欠な側面になる.数学は命題

められるなら，それは命題となる．(1) は「わかりやすい」「とても読みやすい」「ためになる」，(2) は「住みやすい」，(3) は「美しい」「トゲ」，(4) は「日本の数学者」などの言葉のそれぞれに客観的な基準が決まれば命題となるだろう．たとえば (4) で「日本の数学者」が，もし「受賞時の国籍が日本の数学者」という意味であれば真偽が決まるだろうから，命題となるだろう．(5) も，a, b を考える範囲が明確でないので，説明が不足していて厳密な意味での命題とは言えないが，a, b が実数ということであれば，命題となる．正しい命題である．■

命題には，「真である命題」と，「偽である命題」がある．

真は，「正しいこと」「本当」という意味である．「偽」は，「間違い」「ウソ」という意味である．

真は英語で truth （形容詞なら true）なので，T で表す．偽は fault （形容詞なら faulty）なので，F で表す．

後に説明する「真偽表（真理表）」では，「真」と書く代わりに「T」，「偽」と書く代わりに「F」と書いている[3]．

次節からの論理記号の説明においては，1つ1つの命題を簡単に P とか Q などの文字で表すことにする．

われわれが実際に扱う「命題」は，そのままでは真偽が決まっていない主張である．それは，あいまいな主張，ということではなく，変数（パラメータ）を含んだ主張である．すなわち変数の値を1つ定めれば真偽を定めることができる主張である．そういう意味で，「命題」とは **"命題の族"**[4] である．変数をたとえば x で表すとすると，変数を明示したい場合，命題を $P(x)$ とか $Q(x)$ などの記号で表す．

$$x \text{ を指定する．すると，} P(x) \text{ が真か偽か決まる．}$$

変数の値が変われば，その命題の真偽が変わる場合もあるし，変わらない場合もある．変数の取り得る値の範囲が限られているとき，その範囲を **変域** (domain)

の真偽を扱う学問であるが，扱う命題がはじめから決まっているわけではない．それは自然や社会との「対話」で徐々に現れてくる．この意味で，数学は，広い意味の「対話型の学問」でもあると言うことができる．

[3] その方が，演習問題などで実際に真偽表を手書きするときに，早く書くことができてよい．

[4] 複数の命題の集まり，というニュアンスを説明している．**命題関数** ともよばれる．

とよぶ[5].

✔**注意 2.3** 命題 $P(x)$ は，$P(x)$ が真となるという x に関する制約と見なされるので，**条件** (condition) あるいは**条件文**であると考えることもできる．また，いわゆる「数式」は，命題（"条件式"）と見なすことができる場合が多い．
☞ 変数（1.30 節）．

◆**例 2.4** 次は（変数を含んだ）命題の例である．

(1) R 君は男性である．O さんは女性である．N 君は男性である．
(2) $x \geq 0$.
(3) $\det(A) = 0$.
(4) $e^t = \sum_{n=0}^{\infty} \frac{1}{n!} t^n$.

(2) の x や (3) の A, (4) の t は "変数" であり，変数の値を決めれば，真偽が決まり，命題となる．そのようなたくさんの命題を「並行して」扱っていると考えることができる．なお，(1) の R, O, N は，本書では固有に決まっている設定であるが，変数と見ることも可能であろう．

✔**注意 2.5** 数学の文章中で，たとえば，
$$x \text{ が実数ならば } x^2 \geq 0$$
と書いてあったら，通常は，その命題が正しいと主張されている．つまり
$$x \text{ が実数ならば } x^2 \geq 0 \text{ が成り立つ}$$
という意味である．しかし，状況によっては，真偽はともかく，命題を単に書き下した，という場合もある．たとえば，

与えられた正方行列 A に対して，次の条件を考える：$\det(A) \neq 0$

という場合である．これは常に $\det(A) \neq 0$ が成り立つ，という意味ではない．実際，この場合，A によって命題 $\det(A) \neq 0$ の真偽が変わる．

---
[5]ここで「変数」とは，変わり得るもの，英語で variable という意味で使っている．「数」とは限っていない．

☞ 変数 (1.30 節), 条件 (1.9 節), 証明 (1.26 節), 定理 (1.25 節).

2.2 論理記号

数学では，数学的事実や条件を正確かつ厳密に表現するため，いくつかの命題を論理記号でつなげて，より大掛かりな命題を作る[6]．

命題を表すときに用いる基本的な論理記号には次のようなものがある．

ならば ($\Rightarrow$)，必要十分である（同値である．$\Leftrightarrow$），かつ ($\wedge$)，または ($\vee$)，任意の（すべての，$\forall$），ある（存在する，$\exists$），でない（否定，$\neg P$, $\overline{P}$)．

それぞれの論理記号を順次説明していこう．

2.3 ならば

数学の主張の多くは，「○○ならば△△」という形をしている．論理記号で書くと，ある命題 P, Q に関して，

$$P \Rightarrow Q$$

と書かれる形の主張である[7]．

通常は，命題 P も Q も複雑な論理構造をもっていて，変数を含んでいることが多い[8]．

$P \Rightarrow Q$ の形をしている定理について，P は定理の「前提」であり，Q は定理の「結論」である．前提が満たされているとき，つまり前提が正しいとき，結論が導かれる，つまり結論が成り立つ，つまり結論が正しい，ということを主張している．そして，それ以外のことは何も主張していない．

命題は真偽が定まるものである．P, Q が命題のとき，$P \Rightarrow Q$ も 1 つの命題である．

---

[6] 通常は，論理記号は表面に出さずに，なるべく普通の言語で表現するが，その陰で数学の主張を論理記号で翻訳・解釈し，論理的に誤りがないようにする．（R 博士）

[7] 「ならば」の論理記号 $\Rightarrow$ を $\rightarrow$ で表している論理学の本が多いが，ここでは単純に，通常の数学の授業や講演で用いられる記号を採用している．

[8] 興味ある対象に対して，その性質を解き明かすための主張だから，そう単純には表現できないこともあるのが当然である．（I 先生）

定義 2.6 $P \Rightarrow Q$ の真偽は，次の真偽表[9]で定義される：

P	Q	$P \Rightarrow Q$
T	T	T
T	F	F
F	T	T
F	F	T

真偽表の意味 P は真か偽かの 2 通り，Q も真か偽かの 2 通り，したがって，P, Q の真偽は 4 通りに場合が分かれる．ここで，T は真を意味し，F は偽を意味している．

このとき，上の真偽表は 2 つのことを意味している：4 通りのそれぞれの場合に，

(i) P, Q の真偽だけから $P \Rightarrow Q$ の真偽が定まること，
(ii) $P \Rightarrow Q$ の真偽がどう定まるかということ，

を表している．

P が真であるにもかかわらず Q が偽であるときだけ，そのときだけ，$P \Rightarrow Q$ は偽となる，そのように定めている．特に，P が偽であれば，$P \Rightarrow Q$ は真となる．命題 P, Q がどんな命題であってもそうなのだ[10]．

$P \Rightarrow Q$ が成り立つことを示すには，
P が成り立つときに，Q が成り立つこと，
そのことだけを示せばよい．（「成り立つ ＝ 真である」）

---

[9] 真理表あるいは真理値表ともよばれる．
[10] 数学は物事を根本的に理解しよう，とする学問である．その中で「ならば」の定義は，数学の基本中の基本中の基本である．わかっているつもりでも，ぜひ再確認してほしい．（I 先生）

✔ **注意 2.7**　$P(x), Q(x)$ が変数 x を含んだ命題の場合,

$$P(x) \Rightarrow Q(x)$$

も変数 x を含んだ命題になる．なぜなら，x が決まれば，$P(x), Q(x)$ の真偽が定まり，$P(x) \Rightarrow Q(x)$ の真偽も定まるからである．
☞ 命題の族，命題関数（2.1 節）．

◆**例 2.8**（「ならば」を含んだ命題の例）

(1) x が整数で，x^2 が偶数ならば，x は偶数である．

この命題の場合，$P(x)$ は「x が整数で，x^2 が偶数である」であり，$Q(x)$ は「x は偶数である」である．

(2) x が整数で，x^2 が奇数ならば，x は奇数である．

この命題の場合，$P(x)$ は「x が整数で，x^2 が奇数である」であり，$Q(x)$ は「x は奇数である」である．

◆**例 2.9**（前提が偽なので真である命題）　命題「$-1 \geq 1$ ならば $1 \geq 1$」は真である．命題「$0 \geq 1$ ならば $0 \geq 1$」も真である．

◆**例 2.10**（「ならば」の意味がはっきりする例）　命題「$x \geq 1$ ならば $x^2 \geq 1$」は，すべての実数 x について正しい．特に，$x = -1$ の場合に適応すると，「$-1 \geq 1$ ならば $1 \geq 1$」は，真の命題となる．命題「$-1 \geq 1$ ならば $1 \geq 1$」は，前提 $-1 \geq 1$ が正しい場合に結論が正しい，ということを主張している．もちろん，$-1 \geq 1$ は正しくないので，「$-1 \geq 1$ ならば $1 \geq 1$」は真の命題である．ただし，使用される場合がない命題である[11]．また，$x = 0$ の場合に適用すると，「$0 \geq 1$ ならば $0 \geq 1$」も真の命題である．

---

[11] 使用される場合はないが，一般的な命題「$x \geq 1$ ならば $x^2 \geq 1$」を定式化する上で必要不可欠な存在なのだ．決して無駄な存在ではないのだ．（I 先生）

◆例 2.11（三段論法） 三段論法は，「$P \Rightarrow Q$ が成り立ち，P が成り立てば，Q が成り立つ」という論法である．有名な例として，

すべての人間は死すべきものである．
ソクラテスは人間である．
したがって，ソクラテスは死すべきものである．

という文章がある．P が「人間である」，Q が「死すべきものである」とすると，$P \Rightarrow Q$ が成り立つことを大前提として，ソクラテスに関しては，P が成り立つから，ソクラテスに関して Q も成り立つ，ということである．

定義 2.6 から，$P \Rightarrow Q$ が成り立つのは，P, Q の真偽がそれぞれ，TT, FT, FF の 3 通りの場合である．そのうち，P が T となるのは TT だけだから，Q は真ということなる．したがって，三段論法は，「ならば」の定義から直ちに従う論法であると言える．

✔注意 2.12 「ならば」の記号 $\Rightarrow$ を状況によって少し長めの記号 $\Longrightarrow$ で表す場合があるが，もちろん，全く同じ意味である．

✔注意 2.13 $P \Rightarrow Q$ を，P と Q を入れ換え，矢印の向きも逆にして，$Q \Leftarrow P$ と書くことがよくあるが，$P \Rightarrow Q$ と $Q \Leftarrow P$ は全く同じ意味である．

2.4 同値

与えられた命題 P, Q について，「P と Q の真偽が一致している」という主張そのものも，真か偽か決まることだ．だから，「P と Q の真偽が一致している」という主張は，1つの命題であると見なされる．

「P と Q の真偽が一致している」という命題を

$$P \Leftrightarrow Q$$

で表す．

定義 2.14　$P \Leftrightarrow Q$ の真偽表は次で与えられる．

P	Q	$P \Leftrightarrow Q$
T	T	T
T	F	F
F	T	F
F	F	T

　命題 $P \Leftrightarrow Q$ が真であるとき，命題 P と命題 Q は **同値** (P and Q are equivalent) である，という．

　命題 P と命題 Q が変数をもった命題の族である場合も同様である．

　条件 $R(x)$ の下で，つまり，$R(x)$ が真であるような x に対して，命題 $P(x) \Leftrightarrow Q(x)$ が真であるとする．このとき，命題 $P(x)$ と命題 $Q(x)$ は **条件 $R(x)$ の下で同値** である，という．

☞ 真理集合（注意 3.66）．

✔注意 2.15　条件 $R(x)$ の下で，$P(x) \Leftrightarrow Q(x)$ が真，ということは，言い換えると，命題「$\forall x, R(x) \Rightarrow (P(x) \Leftrightarrow Q(x))$」が真ということである．
☞ $\forall$（2.14 節）．定理 2.63．

✔注意 2.16　同値性の定義（真偽が一致すること）から，任意の命題 P, Q, R について，次が成り立つ．

(1) P と P は同値である．
(2) P と Q が同値ならば，Q と P は同値である．
(3) P と Q が同値であり，かつ，Q と R が同値ならば，P と R は同値である．

　与えられた命題を，それと同値な命題に次々に変形していって，わかりやすい同値な命題に書き換える操作を **同値変形** (deformation by equivalences) とよぶ．数学の推論で多用する方法である．

なお，命題の真偽だけに注目すれば，同値（真偽を共にする）の記号 ⇔ を普通の等号 = で表してもよさそうだが，混乱するので，そうは書かない．

2.5 かつ

命題 P, Q について，「P かつ Q」という命題を，論理記号を使って $P \wedge Q$ で表す．

定義 2.17 命題 $P \wedge Q$ の定義は次の真偽表で与えられる：

P	Q	$P \wedge Q$
T	T	T
T	F	F
F	T	F
F	F	F

$P \wedge Q$ の真偽と $Q \wedge P$ の真偽を書くと，$\wedge$ は P, Q に関して対称であることがわかる．

定理 2.18 任意の命題 P, Q に対し，$P \wedge Q$ と $Q \wedge P$ は同値である．すなわち，次が成り立つ（真である）：

$$(P \wedge Q) \Longleftrightarrow (Q \wedge P).$$

証明 真偽表を書き出すことにより，任意の命題 P, Q に対し，$(P \wedge Q) \Leftrightarrow (Q \wedge P)$ が成り立つことがわかる：

P	Q	$P \wedge Q$	$Q \wedge P$	$(P \wedge Q) \Leftrightarrow (Q \wedge P)$
T	T	T	T	T
T	F	F	F	T
F	T	F	F	T
F	F	F	F	T

■

◆**例題 2.19** 任意の命題 P, Q, R に対して,次が成り立つことを示せ.

(1) $P \wedge P \Longleftrightarrow P$ (べき等則).
(2) $((P \wedge Q) \wedge R) \Longleftrightarrow (P \wedge (Q \wedge R))$ (結合則).

例題 2.19 の解答例. 真偽表を書いて,真偽が一致することを確かめればよい.

(1)

P	P	$P \wedge P$
T	T	T
F	F	F

(2)

P	Q	R	$P \wedge Q$	$Q \wedge R$	$(P \wedge Q) \wedge R$	$P \wedge (Q \wedge R)$
T	T	T	T	T	T	T
T	T	F	T	F	F	F
T	F	T	F	F	F	F
T	F	F	F	F	F	F
F	T	T	F	T	F	F
F	T	F	F	F	F	F
F	F	T	F	F	F	F
F	F	F	F	F	F	F

■

演習問題 2.20 任意の命題 P, Q, R に対して，次が成り立つことを示せ．

$$((P \wedge Q) \wedge Q) \Longleftrightarrow (P \wedge Q).$$

◆**例題 2.21** 任意の命題 P, Q, R について，命題 $R \Rightarrow (Q \Rightarrow P)$ と命題 $(R \wedge Q) \Rightarrow P$ が同値であること，つまり，

$$(R \Rightarrow (Q \Rightarrow P)) \Longleftrightarrow ((R \wedge Q) \Rightarrow P)$$

が成り立つことを示せ．

例題 2.21 の解答例．

R	Q	P	$Q \Rightarrow P$	$R \Rightarrow (Q \Rightarrow P)$	$R \wedge Q$	$(R \wedge Q) \Rightarrow P$
T	T	T	T	T	T	T
T	T	F	F	F	T	F
T	F	T	T	T	F	T
T	F	F	T	T	F	T
F	T	T	T	T	F	T
F	T	F	F	T	F	T
F	F	T	T	T	F	T
F	F	F	T	T	F	T

このように真偽が一致する． ■

✔**注意 2.22**（同値な命題での置き換えによる同値変形の例）P, Q, R を任意の命題とする．もし，$Q \Leftrightarrow R$ が成り立つならば，$P \wedge Q \Longleftrightarrow P \wedge R$ が成り立つ．これは，Q, R の真偽が一致することと $P \wedge Q$ の真偽が P の真偽と Q の真偽だけで決まることから導かれる．
☞ 同値変形（2.4 節）．

2.6 必要十分条件

ならば ($\Rightarrow$) の定義と，同値 ($\Leftrightarrow$) の定義を与えたが，次の定理は「同値」が「ならば」と「かつ」で表されることを示している．

定理 2.23 任意の命題 P, Q に対して，$P \Leftrightarrow Q$ と $(P \Rightarrow Q) \land (Q \Rightarrow P)$ は同値である：
$$(P \Leftrightarrow Q) \Longleftrightarrow ((P \Rightarrow Q) \land (Q \Rightarrow P))$$
が成り立つ．

証明 $(P \Rightarrow Q) \land (Q \Rightarrow P)$ の真偽表を書く．

P	Q	$P \Rightarrow Q$	$Q \Rightarrow P$	$(P \Rightarrow Q) \land (Q \Rightarrow P)$
T	T	T	T	T
T	F	F	T	F
F	T	T	F	F
F	F	T	T	T

これは，定義 2.14 で定めた $P \Leftrightarrow Q$ の真偽と同じである． ∎

✔ **注意 2.24** $Q \Rightarrow P$ は $P \Leftarrow Q$ とも書くので（注意 2.13 参照），定理 2.23 は
$$(P \Leftrightarrow Q) \Longleftrightarrow ((P \Rightarrow Q) \land (P \Leftarrow Q))$$
が成り立つ，と言い換えられる．記号 $\Leftrightarrow$ を使う理由が明らかとなる．

$P \Leftrightarrow Q$ が成り立つとき，$P \Rightarrow Q$ が成り立ち，$Q \Rightarrow P$ も成り立つので，P は Q であるための十分条件であり，必要条件である．このとき，P は Q であるための **必要十分条件** (necessary and sufficient condition) であるという．もちろん，Q は P の必要十分条件である，ということもできる．

2.7 または

命題 P, Q に対し,「P または Q」という命題を論理記号を使って $P \vee Q$ と表す.

定義 2.25 $P \vee Q$ の真偽の定義は次で与えられる.

P	Q	$P \vee Q$
T	T	T
T	F	T
F	T	T
F	F	F

すなわち, P と Q の少なくともどちらかが真であれば $P \vee Q$ が真であると定めている.

◆例 2.26 「$x^2 = 1$ であるための必要十分条件は $x = 1$ または $x = -1$」という命題を論理記号で書くと

$$x^2 = 1 \iff (x = 1) \vee (x = -1)$$

となる. この命題の族は任意の実数 x について真である.

定理 2.27 任意の命題 P, Q に対し, $P \vee Q$ と $Q \vee P$ は同値である. すなわち, 次が成り立つ:

$$(P \vee Q) \iff (Q \vee P).$$

演習問題 2.28 定理 2.27 を証明せよ.

◆例題 2.29 任意の命題 P, Q, R に対して, 次が成り立つことを示せ.

(1) $P \vee P \iff P$ （べき等則）.
(2) $((P \vee Q) \vee R) \iff (P \vee (Q \vee R))$ （結合則）.

例題 2.29 の解答例. 真偽表を書いて，真偽が一致することを確かめればよい．

(1)

P	P	$P \vee P$
T	T	T
F	F	F

P の真偽と $P \vee P$ の真偽が一致している．

(2)

P	Q	R	$P \vee Q$	$Q \vee R$	$(P \vee Q) \vee R$	$P \vee (Q \vee R)$
T	T	T	T	T	T	T
T	T	F	T	T	T	T
T	F	T	T	T	T	T
T	F	F	T	F	T	T
F	T	T	T	T	T	T
F	T	F	T	T	T	T
F	F	T	F	T	T	T
F	F	F	F	F	F	F

$(P \vee Q) \vee R$ と $P \vee (Q \vee R)$ の真偽が一致している． ∎

演習問題 2.30 任意の命題 P, Q, R について，

$$(P \vee Q) \vee Q \iff P \vee Q$$

が成り立つことを示せ．

2.8 「かつ」と「または」の論理法則

「かつ」と「または」の混ざった命題に関する基本的な法則を紹介する．

定理 2.31 (分配則) 任意の命題 P, Q, R について，次が成り立つ：

(1) $(P \vee Q) \wedge R \iff (P \wedge R) \vee (Q \wedge R)$.
(2) $(P \wedge Q) \vee R \iff (P \vee R) \wedge (Q \vee R)$.

証明 真偽表で確認する：

(1)

P	Q	R	$P \vee Q$	$(P \vee Q) \wedge R$	$P \wedge R$	$Q \wedge R$	$(P \wedge R) \vee (Q \wedge R)$
T	T	T	T	T	T	T	T
T	T	F	T	F	F	F	F
T	F	T	T	T	T	F	T
T	F	F	T	F	F	F	F
F	T	T	T	T	F	T	T
F	T	F	T	F	F	F	F
F	F	T	F	F	F	F	F
F	F	F	F	F	F	F	F

このように，$(P \vee Q) \wedge R$ と $(P \wedge R) \vee (Q \wedge R)$ の真偽が一致することがわかる．

(2)

P	Q	R	$P \wedge Q$	$(P \wedge Q) \vee R$	$P \vee R$	$Q \vee R$	$(P \vee R) \wedge (Q \vee R)$
T	T	T	T	T	T	T	T
T	T	F	T	T	T	T	T
T	F	T	F	T	T	T	T
T	F	F	F	F	T	F	F
F	T	T	F	T	T	T	T
F	T	F	F	F	F	T	F
F	F	T	F	T	T	T	T
F	F	F	F	F	F	F	F

このように，$(P \wedge Q) \vee R$ と $(P \vee R) \wedge (Q \vee R)$ の真偽が一致することがわかる． ∎

定理 2.32（**吸収則**） 任意の命題 P, Q について，次が成り立つ：

(1) $(P \wedge Q) \vee P \iff P$.

(2) $(P \vee Q) \wedge P \iff P$.

演習問題 2.33 定理 2.32 を示せ.

✓**注意 2.34** $\wedge$ と $\vee$ に関連する代数として，**ブール代数**とよばれるものが知られている．（たとえば参考文献 [4] を参照.）

2.9 否定

命題 P に対して，P の **否定命題** (negative proposition) $\overline{P}$ を考えることができる．$\overline{P}$ は記号 $\neg P$ で表す場合もある．適宜，使いやすい方を使う．

定義 2.35 $\overline{P}$ の真偽の定義は次で表される[12]：

P	$\overline{P}$
T	F
F	T

✓**注意 2.36** P の否定命題 $\overline{P}$ の否定命題 $\overline{\overline{P}}$ は，もとの命題 P と同値である：

$$\overline{\overline{P}} \Leftrightarrow P.$$

定理 2.37 任意の命題 P について，$P \wedge \overline{P}$ は偽である．$P \vee \overline{P}$ は真である．

✓**注意 2.38** $P \vee \overline{P}$ が真であることを **排中則** あるいは **排中律** (law of excluded middle) とよぶ．

---

[12]否定命題は，現代では余り使わなくなったが，写真のフィルムの「ネガ」である．あるいは，天の邪鬼（あまのじゃく）にも例えられる．（I 先生）

定理 2.37 の証明.　真偽表を書いてみる．

P	$\overline{P}$	$P \wedge \overline{P}$	$P \vee \overline{P}$
T	F	F	T
F	T	F	T

P の真偽にかかわらず, $P \wedge \overline{P}$ は偽であり, $P \vee \overline{P}$ は真である. ■

演習問題 2.39　$P \vee (\overline{P} \wedge Q) \iff P \vee Q$ を示せ.

2.10 「かつ」「または」の否定

定理 2.40（「かつ」の否定,「または」の否定）　任意の命題 P, Q に対し, 次が成り立つ.

(1) $\overline{P \wedge Q} \iff (\overline{P} \vee \overline{Q})$.
(2) $\overline{P \vee Q} \iff (\overline{P} \wedge \overline{Q})$.

✔ **注意 2.41**　定理 2.40 は, ド・モルガン (de Morgan) の法則・論理版とよぶことができる.
☞ ド・モルガンの法則（例題 3.48, 例題 3.49）.

定理 2.40 の証明.　(1) 真偽表を書く：

P	Q	$P \wedge Q$	$\overline{P \wedge Q}$	$\overline{P}$	$\overline{Q}$	$\overline{P} \vee \overline{Q}$
T	T	T	F	F	F	F
T	F	F	T	F	T	T
F	T	F	T	T	F	T
F	F	F	T	T	T	T

$\overline{P \wedge Q}$ の真偽と $\overline{P} \vee \overline{Q}$ の真偽が一致するので $\overline{P \wedge Q}$ と $\overline{P} \vee \overline{Q}$ は同値.

(2)

P	Q	$P \vee Q$	$\overline{P \vee Q}$	$\overline{P}$	$\overline{Q}$	$\overline{P} \wedge \overline{Q}$
T	T	T	F	F	F	F
T	F	T	F	F	T	F
F	T	T	F	T	F	F
F	F	F	T	T	T	T

$\overline{P \vee Q}$ の真偽と $\overline{P} \wedge \overline{Q}$ の真偽が一致するので $\overline{P \vee Q}$ と $\overline{P} \wedge \overline{Q}$ は同値. ∎

(2) の別解. (1) を $\overline{P}$ と $\overline{Q}$ に当てはめて, $\overline{\overline{P} \wedge \overline{Q}} \iff \overline{\overline{P}} \vee \overline{\overline{Q}} \iff P \vee Q$ が成り立つ. よって, 両辺の否定をとって, $\overline{P} \wedge \overline{Q} \iff \overline{P \vee Q}$ が成り立つ. ∎

演習問題 2.42 N 君は昼にカツカレーを食べた. 次の問いに答えよ.

(1)「カレーを食べる, かつ, カツを食べる」の否定命題を「または」を用いて書け[13].

(2)「カレーを食べる, または, カツを食べる」の否定命題を「かつ」を用いて書け.

2.11 「ならば」の書き換え

定理 2.43 任意の命題 P, Q について, 命題 $P \Rightarrow Q$ と命題 $\overline{P} \vee Q$ は同値である. すなわち,

$$(P \Rightarrow Q) \iff (\overline{P} \vee Q)$$

が成り立つ.

証明 真偽表を書くと, 命題 $P \Rightarrow Q$ と命題 $\overline{P} \vee Q$ の真偽が一致し, $P \Rightarrow Q$ と $\overline{P} \vee Q$ が同値であることがわかる.

P	Q	$\overline{P}$	$\overline{P} \vee Q$	$P \Rightarrow Q$
T	T	F	T	T
T	F	F	F	F
F	T	T	T	T
F	F	T	T	T

∎

---

[13]ちなみに, N 君の好物はカツカレーである.

系 2.44 (「ならば」の否定)

$$\overline{P \Rightarrow Q} \iff P \wedge \overline{Q}$$

が成り立つ．

演習問題 2.45 系 2.44 を示せ．

演習問題 2.46 次の問いに答えよ．

(1)「カツカレーを食べる，ならば，カレーを食べる」の否定命題を書け．
(2)「カレーを食べる，ならば，カツカレーを食べる」の否定命題を書け．

演習問題 2.47 任意の命題 P, Q について，命題 R を $(P \wedge Q) \vee (\overline{P} \wedge \overline{Q})$ により定める．R および $\overline{R}$ の真偽表を書け．

研究問題 2.48[14] 次のことを確かめてみよ．
命題 P, Q の真偽から定まる命題は，次の $2^4 = 16$ 個の命題のいずれかと同値になる．

$P,\ Q,\ \overline{P},\ \overline{Q},\ P \wedge Q,\ P \vee Q,\ \overline{P} \wedge \overline{Q},\ \overline{P} \vee \overline{Q},\ \overline{P} \wedge Q,\ P \wedge \overline{Q},\ \overline{P} \vee Q,\ P \vee \overline{Q},$
$P \wedge \overline{P},\ P \vee \overline{P},\ (P \wedge Q) \vee (\overline{P} \wedge \overline{Q}),\ (P \vee Q) \wedge (\overline{P} \vee \overline{Q}).$

また，3 つの命題 P, Q, R の真偽から定まる命題について $2^8 = 256$ 個の組合せを実現する命題をすべて書き下してみよ．

2.12 対偶と逆

命題 $P \Rightarrow Q$ の **対偶** (contraposition) とは命題 $\overline{Q} \Rightarrow \overline{P}$ のことである．

◆**例 2.49**「美しいものにはトゲがある」という言葉を，「美しい，ならば，トゲがある」と解釈すれば，対偶は「トゲがなければ美しくない」となる[15]．

◆**例 2.50** 命題「$|x| = 0$ ならば $x = 0$」の対偶は，命題「$x \neq 0$ ならば $|x| \neq 0$」である．

---

[14] 演習問題には解答例をつけているが，研究問題には解答例はつけない．各自，独自の解答を見つけてみるとよい．
[15] もちろん「美しい」とか「トゲ」の意味を明確にしないと命題にならないが．

定理 2.51 $P \Rightarrow Q$ とその対偶 $\overline{Q} \Rightarrow \overline{P}$ は同値な命題である:

$$(P \Rightarrow Q) \iff (\overline{Q} \Rightarrow \overline{P}).$$

証明 真偽表を書く.

P	Q	$P \Rightarrow Q$	$\overline{Q}$	$\overline{P}$	$\overline{Q} \Rightarrow \overline{P}$
T	T	T	F	F	T
T	F	F	T	F	F
F	T	T	F	T	T
F	F	T	T	T	T

このように, $P \Rightarrow Q$ の真偽と $\overline{Q} \Rightarrow \overline{P}$ の真偽が一致している. ∎

別解. 次の同値変形でも証明できる:
$(P \Rightarrow Q) \iff (\overline{P} \vee Q) \iff Q \vee \overline{P} \iff \overline{\overline{Q}} \vee \overline{P} \iff (\overline{Q} \Rightarrow \overline{P}).$ ∎

命題 $P \Rightarrow Q$ の 逆 (converse) とは, 命題 $Q \Rightarrow P$ のことであり, 命題 $P \Rightarrow Q$ の 裏 とは, 命題 $\overline{P} \Rightarrow \overline{Q}$ のことである. すなわち, 裏は逆の対偶であり, したがって, 裏は逆と同値である[16].

◆例 2.52 命題の族 $R(x)$ を「$x \geq 1 \Rightarrow x^2 \geq 1$」により定める. $R(x)$ の対偶は $S(x)$:「$x^2 < 1 \Rightarrow x < 1$」である. この場合は, $R(x)$ も $S(x)$ も任意の実数 x について真である命題となっている. $R(x)$ の逆は $G(x)$:「$x^2 \geq 1 \Rightarrow x \geq 1$」であり, $R(x)$ の裏は $U(x)$:「$x < 1 \Rightarrow x^2 < 1$」である. $G(x)$ や $U(x)$ は任意の実数 x について真, ではない.
☞ 逆 (1.10 節).

演習問題 2.53 次の命題(の族)の対偶と逆をそれぞれ書け.
(1) $f(x)$ が $x = a$ で微分可能ならば, $f(x)$ は $x = a$ で連続である.
(2) r が有理数で α が無理数ならば, $r + \alpha$ は無理数である.

---

[16]高校の教科書には「裏」が載っている. しかし, 筆者はいままで数学の研究で「逆」や「対偶」は使ったことがあっても,「裏」に出会ったことはない.

2.13 さまざまな推論規則

定理 2.54 任意の命題 P, Q, R に対して，

$$((P \Rightarrow Q) \land (Q \Rightarrow R)) \Longrightarrow (P \Rightarrow R)$$

が成り立つ．

証明 紙面の関係で，命題 $((P \Rightarrow Q) \land (Q \Rightarrow R)) \Longrightarrow (P \Rightarrow R)$ を S とおく．P, Q, R の真偽の組み合わせ 8 通りについて，次の真偽表を書く：

P	Q	R	$P \Rightarrow Q$	$Q \Rightarrow R$	$(P \Rightarrow Q) \land (Q \Rightarrow R)$	$P \Rightarrow R$	S
T	T	T	T	T	T	T	T
T	T	F	T	F	F	F	T
T	F	T	F	T	F	T	T
T	F	F	F	T	F	F	T
F	T	T	T	T	T	T	T
F	T	F	T	F	F	T	T
F	F	T	T	T	T	T	T
F	F	F	T	T	T	T	T

すると，任意の P, Q, R に対して，命題 S は真であることがわかる． ∎

◆例題 2.55 任意の命題 P, Q, R に対して，

$$((P \Rightarrow (Q \Rightarrow R)) \land (P \Rightarrow Q)) \Longrightarrow (P \Rightarrow R)$$

が成り立つことを示せ．

例題 2.55 の解答例． 命題 $((P \Rightarrow (Q \Rightarrow R)) \land (P \Rightarrow Q))$ を S, 命題 $P \Rightarrow R$

を L とおき，真偽表を書く：

P	Q	R	$Q \Rightarrow R$	$P \Rightarrow (Q \Rightarrow R)$	$P \Rightarrow Q$	S	L	$S \Rightarrow L$
T	T	T	T	T	T	T	T	T
T	T	F	F	F	T	F	F	T
T	F	T	T	T	F	F	T	T
T	F	F	T	T	F	F	F	T
F	T	T	T	T	T	T	T	T
F	T	F	F	T	T	T	T	T
F	F	T	T	T	T	T	T	T
F	F	F	T	T	T	T	T	T

すると，任意の P, Q, R に対して，命題 $S \Rightarrow L$ すなわち命題 $((P \Rightarrow (Q \Rightarrow R)) \land (P \Rightarrow Q)) \Longrightarrow (P \Rightarrow R)$ は真であることがわかる． ∎

演習問題 2.56 命題 $(P \Rightarrow (Q \Rightarrow R)) \Rightarrow (P \Rightarrow R)$ は任意の命題 P, Q, R については成り立たない．どういう場合に成り立たないか，真偽表を書いて調べよ．

2.14 任意の，すべての

数学で扱う命題は，当然のことながら，調べたい対象にかかわっている命題である．したがって，ある"変数"あるいは"パラメータ" x の入った命題 $P(x)$（命題の族）を扱うことが大事になる．

変数 x の値を 1 つ固定すれば，$P(x)$ は真偽の定まっている 1 つの命題になる．

このとき問題となるのは，命題 $P(x)$ の真偽が，x に依存してどう変わるか，ということである．まず，「すべての x に対し，$P(x)$ が真である」という状況が考えられる．そのような状況は，記号 $\forall$ で表される．任意の，すべての，は英語で，all あるいは any．その頭文字を使った記号である．

命題の族 $P(x)$ に対し，1 つの命題

$$\forall x, P(x)$$

の真偽について，すべての x について $P(x)$ が真のとき，そのときに限り，$\forall x, P(x)$ が真である，と定める．

◆例 2.57　x が実数全体の範囲を動くとする．$P(x)$ を $x^2 \geq 0$ という命題で定める．すべての x に対し，$P(x)$ は真である．したがって，命題 $\forall x, P(x)$，すなわち

$$\forall x,\ x^2 \geq 0$$

は真である．

◆例 2.58　x が実数全体の範囲を動くとする．$P(x)$ を $x \geq 1$ という命題で定める．すると，$x \geq 1$ のときは $P(x)$ は真であるが，$x < 1$ のときは，$P(x)$ は偽である．したがって，命題 $\forall x, P(x)$，すなわち

$$\forall x,\ x \geq 1$$

は偽である．

✔注意 2.59　命題 $\forall x, P(x)$ において，変数の記号を一斉に変換してできる命題，たとえば，命題 $\forall y, P(y)$ は，もとの命題と同値である：

$$\forall x, P(x) \iff \forall y, P(y)$$

が成り立つ．ただ記号が変わっただけで，論理的な意味は変わっていない．

任意 ($\forall$) を含んだ命題では，変数 x の動く範囲をはっきり明示したい場合がほとんどである．変数 x の動く範囲（変域）は，x に関する別の命題の族 $Q(x)$ を用いて，「$Q(x)$ が真である」という条件で表される：

$$x\ \text{が許容された範囲にある} \iff Q(x)\ \text{が成り立つ}.$$

$Q(x)$ が成り立つような範囲のすべての x について，$P(x)$ が成り立つ，ということを，

$$\forall x\ (Q(x)), P(x)$$

で表す．$(Q(x))$ は"ただし書き"だと思えばよい．
☞ 真理集合（注意 3.66）．

◆**例 2.60** 実数全体の集合を $\mathbf{R}$ で表し，x が実数であることを $x \in \mathbf{R}$ で表す（集合論の記号，第 3 章を参照）．命題 $Q(x)$ を $x \in \mathbf{R}$ として，上の記法を適用すると，上の例 2.57, 2.58 の命題は，それぞれ，

$$\forall x \ (x \in \mathbf{R}), \ x^2 \geq 0,$$
$$\forall x \ (x \in \mathbf{R}), \ x \geq 1$$

と表される．

✔**注意 2.61** ただし書きのカッコは，しばしば省略される．たとえば，$\forall x \ (x \in \mathbf{R}), x^2 \geq 0$ は，$\forall x \in \mathbf{R}, x^2 \geq 0$ と表すことができる：

$$(\forall x \in \mathbf{R}, x^2 \geq 0) \iff (\forall x (x \in \mathbf{R}), x^2 \geq 0)$$

ということである．

✔**注意 2.62** 命題「$\forall x \ (x \in \mathbf{R}), \ x^2 \geq 0$」は，通常の文章で書けば，「すべての実数 x に対し，$x^2 \geq 0$．」「$x^2 \geq 0$，ただし，x はすべての実数．」などと表現される．英文であれば，"For any real number x, $x^2 \geq 0$." や，"$x^2 \geq 0$, for any real number x." などと表現される．しかし，論理記号を使う場合は，

$$x^2 \geq 0, \forall x \in \mathbf{R}$$

などと順序を変えて書くと混乱を招くので，なるべく避けたい．

定理 2.63 (**任意とならば**) 変数 x をもつ任意の命題 $Q(x), P(x)$ について，命題 $\forall x(Q(x)), P(x)$ と命題 $\forall x, (Q(x) \Rightarrow P(x))$ は同値である．すなわち，

$$(\forall x(Q(x)), P(x)) \iff (\forall x, (Q(x) \Rightarrow P(x)))$$

が成り立つ．

証明 同値の定義に基づいて, 命題 $\forall x(Q(x)), P(x)$ の真偽と, 命題 $\forall x, (Q(x) \Rightarrow P(x))$ の真偽が一致することを示す.

命題 $\forall x(Q(x)), P(x)$ が真であるとする. このとき, $Q(x)$ が真であるようなすべての x について, $P(x)$ が真である. したがって, すべての x について, $Q(x)$ が真のとき $P(x)$ が真, ということが成り立つ. すなわち, $\forall x, (Q(x) \Rightarrow P(x))$ が真となる.

また, $\forall x(Q(x)), P(x)$ が偽であるとする. これは, $Q(x)$ が成り立つような x であるにもかかわらず, $P(x)$ が偽となる, そのような x が存在するということである. そのような x について, $Q(x) \Rightarrow P(x)$ は偽となる. したがって, $\forall x, (Q(x) \Rightarrow P(x))$ は偽である.

よって, $\forall x(Q(x)), P(x)$ の真偽と $\forall x, (Q(x) \Rightarrow P(x))$ の真偽は一致するので, $\forall x(Q(x)), P(x)$ と $\forall x, (Q(x) \Rightarrow P(x))$ は同値である. ∎

◆**例 2.64** $\forall x \in \mathbf{R}, x^2 \geq 0$ と, $\forall x(x \in \mathbf{R}), x^2 \geq 0$ と, $\forall x, (x \in \mathbf{R} \Rightarrow x^2 \geq 0)$ は, すべて同値である.

◆**例題 2.65** 変数 x を含んだ任意の命題 $P(x), Q(x), R(x)$ について, $\forall x(R(x)), (Q(x) \Rightarrow P(x))$ と $\forall x, ((R(x) \wedge Q(x)) \Rightarrow P(x))$ が同値であることを示せ.

例題 2.65 の解答例. 定理 2.63 により, $\forall x(R(x)), (Q(x) \Rightarrow P(x))$ は $\forall x, R(x) \Rightarrow (Q(x) \Rightarrow P(x))$ と同値である. さらに, 例題 2.21 で示したことにより, $\forall x, R(x) \Rightarrow (Q(x) \Rightarrow P(x))$ は $\forall x, ((R(x) \wedge Q(x)) \Rightarrow P(x))$ と同値である. よって, $\forall x(R(x)), (Q(x) \Rightarrow P(x))$ と $\forall x, ((R(x) \wedge Q(x)) \Rightarrow P(x))$ は同値である. ∎

✔**注意 2.66** 第 2 章で説明している「集合」は, 命題族の「変数の動く範囲」として用いられる. その意味で, 集合 S が与えられたとき, 命題 $\forall x \in S, P(x)$ は, 記号 $\bigwedge_{x \in S} P(x)$ で表すことができる.

2.15 ある（或る），在る

「ある x について，$P(x)$ が成り立つ」という命題を

$$\exists x, P(x)$$

という論理式で表す．また，x の動く範囲（変域）をただし書きで指定する場合は，

$$\exists x(Q(x)), P(x)$$

と表す．これは，$Q(x)$ が真になるような x であって，$P(x)$ が真になるような x が存在する，という命題である．「存在する」は，英語で exist(s)，その頭文字を使った記号が $\exists$ である．

◆**例 2.67** 命題「$\exists x(x \in \mathbf{R}), x^2 = 2$」は真である．実際，実数 $x = \pm\sqrt{2}$ が存在する．$\exists x \in \mathbf{R}, x^2 = 2$ という書き方もする．

定理 2.68（**存在とかつ**） 変数 x を含んだ任意の命題 $P(x), Q(x)$ について，命題 $\exists x(Q(x)), P(x)$ と命題 $\exists x, (Q(x) \wedge P(x))$ は同値である．

証明 $\exists x(Q(x)), P(x)$ が真とする．この場合，$Q(x)$ が真になり，$P(x)$ が真になるような x が存在する．そのような x に対して，$Q(x) \wedge P(x)$ は真となる．したがって，$\exists x, (Q(x) \wedge P(x))$ は真である．

$\exists x(Q(x)), P(x)$ が偽とする．すると，$Q(x)$ が真であるような x については，$P(x)$ が真にならない．したがって，$Q(x) \wedge P(x)$ が真になる x は存在しない．つまり，$\exists x, (Q(x) \wedge P(x))$ は偽である．このように，両者の真偽が一致する． ■

☞ 任意とならば（定理 2.63）と比較せよ．

◆**例 2.69** $\exists x(x \in \mathbf{R}), x^2 = 2$ と $\exists x, ((x \in \mathbf{R}) \wedge (x^2 = 2))$ は同値である．これらは両方とも真である．

演習問題 2.70 (1) 命題
$$\exists y \in \mathbf{R}, y^2 = x$$
を $\exists y, P(x,y)$ と表すとき，変数 x, y に依存する命題 $P(x,y)$ を求めよ．
(2) 命題
$$\forall x(x \in \mathbf{R}, x \geq 0), (\exists y \in \mathbf{R}, y^2 = x)$$
を $\forall x, Q(x)$ と表すとき，変数 x をもつ命題 $Q(x)$ を求めよ．ここで $x \in \mathbf{R}, x \geq 0$ は $(x \in \mathbf{R}) \wedge (x \geq 0)$ を意味している．

✔ **注意 2.71** 集合 S を変数 x の動く範囲とするとき，命題 $\exists x \in S, P(x)$ は，記号 $\bigvee_{x \in S} P(x)$ で表すことができる．

✔ **注意 2.72**（一意的に存在する）ときどき $\exists^1 x, P(x)$ とか，$\exists^! x, P(x)$ と書くことがある．$\exists$ の右上に 1 をつけたり，！をつけたりするのである．これは，$P(x)$ を満たす x がただ 1 つ存在する場合に使う．つまり，言い換えると，$(\exists x, P(x)) \wedge (\forall x, \forall x', P(x) \wedge P(x') \Rightarrow x = x')$ という意味である．

2.16 「任意」「ある」の順序

具体的な例として，命題
$$A : \forall x \geq 0, \exists y \in \mathbf{R}, y^2 = x$$
の論理的な意味を分析してみよう．

$\forall x \geq 0$ は，任意の 0 以上の実数 x について，すなわち，$\forall x(x \in \mathbf{R}, x \geq 0)$ と解釈する．この命題は，次の命題と同値である．
$$\forall x, (x \in \mathbf{R}, x \geq 0) \Rightarrow (\exists y, (y \in \mathbf{R}) \wedge (y^2 = x))$$

☞ 演習問題 2.70.

論理式で書かれている文は，左から順に解釈していくのが基本である：

論理式，左から右に読めばよし．

したがって，命題 A は，冒頭の $\forall x$ と残りの部分の組み合わせである，と読む．$Q(x)$ を $(x \in \mathbf{R}, x \geq 0) \Rightarrow (\exists y, (y \in \mathbf{R}) \land (y^2 = x))$ とすれば，命題 A は

$$\forall x, Q(x)$$

の形となる．さらに $Q(x)$ は，

$$R(x) \Rightarrow (\exists y, P(x, y))$$

の形である．$R(x)$ は $x \in \mathbf{R}, x \geq 0$ であり，$P(x, y)$ は $(y \in \mathbf{R}) \land (y^2 = x)$ である．命題 A の意味は，

「任意の 0 以上の数 x について，実数 y が存在して，$y^2 = x$ となる」

というものである．$y = \sqrt{x}$ あるいは，$y = -\sqrt{x}$ が存在するので，この命題 A は真である．

一方，$\forall$ と $\exists$ の順序を変えてできる命題

$$B : \exists y \in \mathbf{R}, \forall x \geq 0, y^2 = x$$

を考える．命題 B を書き換えると，

$$\exists y, (y \in \mathbf{R}) \land (\forall x \geq 0, y^2 = x)$$

となる．この命題 B は，ある実数 y があって，任意の 0 以上の数 x に対して，$y^2 = x$ が成り立つ，ということを主張している．言い換えれば，任意の 0 以上の数 x に対して，$y^2 = x$ が成り立つような，そんな実数 y が（x によらずに）存在することを主張している．そんな数 y は存在しないから，偽である．

このように，命題

$$A : \forall x \geq 0, \exists y \in \mathbf{R}, y^2 = x$$

と命題

$$B : \exists y \in \mathbf{R}, \forall x \geq 0, y^2 = x$$

は，まったく意味の異なる命題となる[17]．

---

[17] たとえば，音楽でも音符の順序を無闇に変えたらめちゃくちゃになる．それと一緒だ．世の中はだいたい "非可換" なのだ．（I 先生）

2.16 「任意」「ある」の順序

> 教訓：「任意」$\forall$ と「ある」$\exists$ の順序は入れ換えると意味が変わる．
> $\forall$ と $\exists$, $\exists$ と $\forall$ の順序に気をつけよ．

✔ **注意 2.73** 並んだ $\forall$ どうし，あるいは，並んだ $\exists$ どうしを入れ換えても意味は変わらない（同値になる）．たとえば，命題

$$\forall x, \forall y, (x^2 = y^2) \Rightarrow ((x = y) \vee (x = -y))$$

と，命題

$$\forall y, \forall x, (x^2 = y^2) \Rightarrow ((x = y) \vee (x = -y))$$

は，同値である．

◆**例題 2.74** 次の文を $\forall, \exists$ などの論理記号を用いて書き直せ．

(1) 任意の $a \in \mathbf{R}$，任意の $\varepsilon > 0$ に対して，ある $\delta > 0$ が存在して，任意の $x \in \mathbf{R}$ に対して，$|x - a| < \delta$ ならば $|x^2 - a^2| < \varepsilon$．

(2) 任意の $\varepsilon > 0$ に対し，ある $\delta > 0$ が存在して，任意の $a \in \mathbf{R}$，任意の $x \in \mathbf{R}$ に対して，$|x - a| < \delta$ ならば $|x^2 - a^2| < \varepsilon$．

例題 2.74 の解答例． (1) $\forall a \in \mathbf{R}, \forall \varepsilon > 0, \exists \delta > 0, \forall x \in \mathbf{R}, (|x - a| < \delta) \Longrightarrow (|x^2 - a^2| < \varepsilon)$．
(2) $\forall \varepsilon > 0, \exists \delta > 0, \forall a \in \mathbf{R}, \forall x \in \mathbf{R}, (|x - a| < \delta) \Longrightarrow (|x^2 - a^2| < \varepsilon)$． ∎

演習問題 2.75 次の文を $\forall, \exists$ などの論理記号を用いて書き直せ．

(1) 任意の $\varepsilon > 0$ に対して，ある $N \in \mathbf{N}$ が存在して，任意の $n \in \mathbf{N}$ に対して，$N < n$ ならば $\frac{1}{n} < \varepsilon$．
(2) ある $N \in \mathbf{N}$ が存在して，任意の $\varepsilon > 0$，任意の $n \in \mathbf{N}$ に対して，$N < n$ ならば $\frac{1}{n} < \varepsilon$．
(3) 任意の $y > 0$ に対し，ある $x > 0$ があって，$y = x^2$ かつ $y = x^3$．
(4) 任意の $y > 0$ に対し，（ある $x > 0$ あって，$y = x^2$）かつ（ある $x' > 0$ があって，$y = (x')^3$）．

✔ **注意 2.76** ちなみに，演習問題 2.75 の命題は，(1) と (4) は真であるが，(2) と (3) は偽である．(1) は $\lim_{n \to \infty} \frac{1}{n} = 0$ が真であるという意味である．(2) は，その否定命題「$\forall N \in \mathbf{N}, \exists \varepsilon > 0, \exists n \in \mathbf{N}, ((N < n) \land (\frac{1}{n} \geq \varepsilon))$」は，$\varepsilon = \frac{1}{N}$ と選べばよいので真になるから，偽である (2.18 節を参照)．(3) については，「ある $x > 0$ があって，$y = x^2$ かつ $y = x^3$」が成り立つのは，$y = 1$ に限られてしまうので偽である．(4) は，$x = \sqrt{y}, x' = \sqrt[3]{y}$ とすれば成り立つので，真である．

2.17 恒真命題と恒偽命題

変数を含んだ命題の真偽を調べる際に，「常に真である命題」や「常に偽である命題」を意識すると便利である．便利というより，自然に考えるに至る．

変数 x を含んだ命題 $I(x)$ について，任意の x に対し $I(x)$ が真のとき，すなわち，命題 $\forall x, I(x)$ が真であるとき，$I(x)$ を **恒真命題** とよぶ．任意の x について $I(x)$ は真なので，恒真命題はすべての x に対し，お互いに同値である．恒真命題を記号 I と表すこともある．

変数 x を含んだ命題 $O(x)$ について，任意の x に対し $O(x)$ が偽のとき，すなわち，$\forall x, \overline{O(x)}$ が真であるとき，$O(x)$ を **恒偽命題** とよぶ．任意の x について $O(x)$ は偽なので，恒偽命題はすべての x に対し，お互いに同値である．恒偽命題を記号 O で表すこともある．

◆**例 2.77** 任意の命題 P について，$P \vee \overline{P}$ は真の命題である．$P \wedge \overline{P}$ は偽の命題である．したがって，命題 P を変数と見立てることにより，$P \vee \overline{P}$ は恒真命題であり，$P \wedge \overline{P}$ は恒偽命題である．

◆**例題 2.78** 任意の命題 P, Q, R について，命題

$$\overline{(\overline{P} \vee Q) \wedge (\overline{Q} \vee R)} \vee (\overline{P} \vee R)$$

が真であることを，同値変形を使って示せ．

例題 2.78 の解答例． $\overline{(\overline{P} \vee Q) \wedge (\overline{Q} \vee R)} \vee (\overline{P} \vee R) \iff \overline{\overline{P} \vee Q} \vee \overline{\overline{Q} \vee R} \vee$

$(\overline{P} \vee R) \iff (P \wedge \overline{Q}) \vee (Q \wedge \overline{R}) \vee (\overline{P} \vee R) \iff ((P \wedge \overline{Q}) \vee \overline{P}) \vee ((Q \wedge \overline{R}) \vee R) \iff$
$((P \vee \overline{P}) \wedge (\overline{Q} \vee \overline{P})) \vee ((Q \vee R) \wedge (\overline{R} \vee R)) \iff (I \wedge (\overline{Q} \vee \overline{P})) \vee ((Q \vee R) \wedge I) \iff$
$(\overline{Q} \vee \overline{P}) \vee (Q \vee R) \iff (\overline{Q} \vee Q) \vee (\overline{P} \vee R) \iff I \vee (\overline{P} \vee R) \iff I$ となり，
与えられた命題は恒真命題であることが示された．途中の変形では，恒真命題 I が常に真であることを考慮して同値変形を行った． ∎

演習問題 2.79 任意の命題 P, Q, R について，次の命題が真であることを示せ．

(1) $\overline{(P \wedge Q) \vee P} \vee P$.
(2) $\overline{P} \vee ((P \vee Q) \wedge P)$.

演習問題 2.80 任意の命題 P, Q, R について，命題

$$\overline{(\overline{P} \vee (\overline{Q} \vee R)) \wedge (\overline{P} \vee Q)} \vee (\overline{P} \vee R)$$

が真であることを，同値変形を用いて示せ．

2.18 「任意」「ある」の否定

「任意」$\forall$ と「ある」$\exists$ の入った命題の否定の作り方を説明する．

定理 2.81 (「任意」「ある」の否定，その1)

(1) $\overline{\forall x, P(x)}$ は $\exists x, \overline{P(x)}$ と同値である．
(2) $\overline{\exists x, Q(x)}$ は $\forall x, \overline{Q(x)}$ と同値である．

証明 (1) $\overline{\forall x, P(x)}$ と $\exists x, \overline{P(x)}$ の真偽が一致することを示す．

$\overline{\forall x, P(x)}$ が真であるとする．すると，$\forall x, P(x)$ は偽である．したがって，$P(x)$ が偽になるような x が存在する．このとき，$\overline{P(x)}$ は真である．したがって，$\exists x, \overline{P(x)}$ は真である．

$\overline{\forall x, P(x)}$ が偽であるとする．すると，$\forall x, P(x)$ は真である．したがって，すべての x について $P(x)$ が真である．よって，すべての x について $\overline{P(x)}$ は偽である．したがって，$\overline{P(x)}$ が真であるような x は存在しない．つまり，$\exists x, \overline{P(x)}$ は偽である．

以上により，$\overline{\forall x, P(x)}$ と $\exists x, \overline{P(x)}$ の真偽が一致することが示された.
(2) 命題 $\overline{Q(x)}$ を (1) における $P(x)$ として，(1) を適用すると，$\overline{\forall x, \overline{Q(x)}}$ と $\exists x, \overline{\overline{Q(x)}}$ は同値である．また，$\exists x, \overline{\overline{Q(x)}}$ と $\exists x, Q(x)$ は同値である．したがって，$\overline{\forall x, \overline{Q(x)}}$ と $\exists x, Q(x)$ は同値である．よって，それらの否定命題も同値である．すなわち，$\forall x, \overline{Q(x)}$ と $\overline{\exists x, Q(x)}$ は同値である． ∎

定理 2.82 (「任意」「ある」の否定，その2)

(1) $\overline{\forall x(Q(x)), P(x)}$ は $\exists x(Q(x)), \overline{P(x)}$ と同値である．
(2) $\overline{\exists x(Q(x)), R(x)}$ は $\forall x(Q(x)), \overline{R(x)}$ と同値である．

証明 (1) $\forall x(Q(x)), P(x)$ は $\forall x, (Q(x) \Rightarrow P(x))$ と同値．したがって，$\forall x, (\overline{Q(x)} \lor P(x))$ と同値である．よって，$\overline{\forall x(Q(x)), P(x)}$ は，$\exists x, \overline{\overline{Q(x)} \lor P(x)}$ と同値である．$\overline{\overline{Q(x)} \lor P(x)}$ は $Q(x) \land \overline{P(x)}$ と同値であるから，$\overline{\forall x(Q(x)), P(x)}$ は，$\exists x, Q(x) \land \overline{P(x)}$ と同値．すなわち，$\exists x(Q(x)), \overline{P(x)}$ と同値である．
(2) $\exists x(Q(x)), R(x)$ は $\exists x, (Q(x) \land R(x))$ と同値．よって，$\overline{\exists x(Q(x)), R(x)}$ は，$\forall x, \overline{Q(x) \land R(x)}$ と同値である．$\overline{Q(x) \land R(x)}$ は $\overline{Q(x)} \lor \overline{R(x)}$ と同値であるから，$\overline{\exists x(Q(x)), R(x)}$ は，$\forall x, \overline{Q(x)} \lor \overline{R(x)}$ と同値．すなわち，$\forall x, Q(x) \Rightarrow \overline{R(x)}$ と同値である．よって，$\overline{\exists x(Q(x)), R(x)}$ は $\forall x(Q(x)), \overline{R(x)}$ と同値である． ∎

◆**例 2.83** $\mathbf{R}_{>0}$ を正の実数全体の集合とし，s を実数とする．

$$\overline{\forall x \in \mathbf{R}_{>0}, x \geq s} \iff \exists x \in \mathbf{R}_{>0}, x < s$$

が成り立つ.

◆**例題 2.84** 次の問いに答えよ．

(1) 命題 $\forall x(P(x)), (Q(x) \Rightarrow R(x))$ の否定を書け．
(2) 命題 $\exists x(P(x)), (Q(x) \Rightarrow R(x))$ の否定を書け．

例題 2.84 の解答例． (1) $\forall x(P(x)), (Q(x) \Rightarrow R(x))$ の否定は，$\exists x(P(x)),$

$\overline{Q(x) \Rightarrow R(x)}$ となる. $(Q(x) \Rightarrow R(x)) \iff \overline{Q(x)} \vee R(x)$ なので, $\overline{Q(x) \Rightarrow R(x)}$ $\iff Q(x) \wedge \overline{R(x)}$ となる. したがって, $\exists x(P(x)), \overline{Q(x) \Rightarrow R(x)}$ は, $\exists x(P(x)),$ $Q(x) \wedge \overline{R(x)}$ と書き換えることができる.

(2) $\exists x(P(x)), (Q(x) \Rightarrow R(x))$ の否定は, $\forall x(P(x)), \overline{Q(x) \Rightarrow R(x)}$ すなわち, $\forall x(P(x)), Q(x) \wedge \overline{R(x)}$ となる. ∎

◆**例 2.85** S を実数の全体集合 $\mathbf{R}$ のある部分集合とし, M を実数とする. このとき,

$$\overline{(M \in S) \wedge (\forall x \in S, x \leq M)} \iff \overline{M \in S} \vee \overline{\forall x \in S, x \leq M}$$
$$\iff (M \notin S) \vee (\exists x \in S, x > M)$$

が成り立つ. これは,「M が S の最大数である」の否定, つまり,「M は S の最大数ではない」ということを言い換えた主張を表している.

☞ 最大数, 最小数 (3.18 節).

演習問題 2.86 次の命題の否定命題を論理記号を用いて書き換えよ[18].

(1) $|x - a| < \delta \Rightarrow |f(x) - f(a)| < \varepsilon$.
(2) $\forall x \in I, |x - a| < \delta \Rightarrow |f(x) - f(a)| < \varepsilon$.
(3) $\exists \delta > 0, \forall x \in I, |x - a| < \delta \Rightarrow |f(x) - f(a)| < \varepsilon$.
(4) $\forall \varepsilon > 0, \exists \delta > 0, \forall x \in I, |x - a| < \delta \Rightarrow |f(x) - f(a)| < \varepsilon$.

2.19 「任意」の「または」,「ある」の「かつ」

定理 2.87 x を変数にもつ任意の命題族 $P(x), Q(x)$ について, 次が成り立つ.

(1) $(\forall x, P(x)) \wedge (\forall x, Q(x)) \iff \forall x, P(x) \wedge Q(x)$.
(2) $(\forall x, P(x)) \vee (\forall x, Q(x)) \implies \forall x, P(x) \vee Q(x)$.

証明 (1) 真偽を比較する.

---

[18] $f(x)$ は x の関数を表している. 関数については第 4 章で説明しているが, ここでは, 関数に関する知識は必要ない.

$(\forall x, P(x)) \wedge (\forall x, Q(x))$ が真であるとする．このとき，任意の x について，$P(x)$ は真である．また同時に，任意の x について，$Q(x)$ も真である．したがって，任意の x について，$P(x) \wedge Q(x)$ が真である．よって，$\forall x, P(x) \wedge Q(x)$ が真である．

逆に，$\forall x, P(x) \wedge Q(x)$ が真であるとする．任意の x について，$P(x)$ が真であり，かつ，$Q(x)$ が真である．したがって，$(\forall x, P(x)) \wedge (\forall x, Q(x))$ が真である．

このように両者の真偽が一致する．

(2) $(\forall x, P(x)) \vee (\forall x, Q(x))$ が真であるとする．このとき，$\forall x, P(x)$ が真か，または，$\forall x, Q(x)$ が真である．$\forall x, P(x)$ が真のとき，$\forall x, P(x) \vee Q(x)$ は真である．また，$\forall x, Q(x)$ が真のとき，$\forall x, P(x) \vee Q(x)$ は真である．いずれにせよ，$\forall x, P(x) \vee Q(x)$ は真である．したがって，$(\forall x, P(x)) \vee (\forall x, Q(x)) \Longrightarrow \forall x, P(x) \vee Q(x)$ が成り立つ． ∎

系 2.88 x を変数にもつ任意の命題族 $P(x), Q(x)$ について，次が成り立つ．

(1) $\exists x, P(x) \vee Q(x) \Longleftrightarrow (\exists x, P(x)) \vee (\exists x, Q(x))$.
(2) $\exists x, P(x) \wedge Q(x) \Longrightarrow (\exists x, P(x)) \wedge (\exists x, Q(x))$.

証明 (1) 否定命題の同値性を示す：

$$\overline{\exists x, P(x) \vee Q(x)} \Longleftrightarrow \forall x, \overline{P(x) \vee Q(x)} \Longleftrightarrow \forall x, \overline{P(x)} \wedge \overline{Q(x)}$$
$$\Longleftrightarrow (\forall x, \overline{P(x)}) \wedge (\forall x, \overline{Q(x)}) \Longleftrightarrow \overline{\exists x, P(x)} \wedge \overline{\exists x, Q(x)}$$
$$\Longleftrightarrow \overline{(\exists x, P(x)) \vee (\exists x, Q(x))}$$

が成り立つから，$\exists x, P(x) \vee Q(x) \Longleftrightarrow (\exists x, P(x)) \vee (\exists x, Q(x))$ が成り立つ．
(2) 対偶を示す：

$$\overline{(\exists x, P(x)) \wedge (\exists x, Q(x))} \Longleftrightarrow \overline{\exists x, P(x)} \vee \overline{\exists x, Q(x)}$$
$$\Longleftrightarrow (\forall x, \overline{P(x)}) \vee (\forall x, \overline{Q(x)}) \Longrightarrow \forall x, \overline{P(x)} \vee \overline{Q(x)}$$
$$\Longleftrightarrow \forall x, \overline{P(x) \wedge Q(x)} \Longleftrightarrow \overline{\exists x, P(x) \wedge Q(x)}$$

より，$\overline{(\exists x, P(x)) \wedge (\exists x, Q(x))} \Longrightarrow \overline{\exists x, P(x) \wedge Q(x)}$ が成り立つ．よって，

$\exists x, P(x) \land Q(x) \implies (\exists x, P(x)) \land (\exists x, Q(x))$ が成り立つ. ∎

2.20 反例

数学の定理で多く見かける主張は, x を変数として,

$$\text{定理}: \forall x, (P(x) \Rightarrow Q(x))$$

という型をしている.

✓**注意 2.89** $\exists x, P(x)$ という型の定理も少しはある. そのような型の定理を探してみよ.

注意 2.89 内の問題に対する解答例.

- 正 20 面体が存在する. $\exists x, (x\ は正\ 20\ 面体)$
- 空集合が存在する. $\exists x, (\forall y, y \notin x)$ ∎

$\forall x, (P(x) \Rightarrow Q(x))$ という型の"定理"の否定命題は, $\exists x, (P(x) \land \overline{Q(x)})$ である. 条件 $P(x) \land \overline{Q(x)}$ を満たす x を

$$\text{"定理"}: \forall x, (P(x) \Rightarrow Q(x))$$

の **反例** (counter example) とよぶ.

反例があれば, その"定理"は偽である.

したがって, $\forall x, (P(x) \Rightarrow Q(x))$ 型の主張について,

真であることを示すには証明すればよい. 偽であることを示すには,
反例を挙げて, それが反例であることを証明すればよい.

変数が複数ある場合も同様である. たとえば,

$$\text{"定理"}: \forall x, \forall y, (P(x, y) \Rightarrow Q(x, y))$$

という型の定理（主張）については, 条件 $P(x, y) \land \overline{Q(x, y)}$ を満たす組 (x, y) を"定理"の反例とよぶ.

◆**例 2.90（反例の例）** 主張「**R** 上の関数 $f(x)$ が連続ならば微分可能である」は偽である．実際，この主張は，

　　任意の **R** 上の関数 $f(x)$ について，$f(x)$ が連続 $\Rightarrow$ $f(x)$ は微分可能,

という型をしている．その反例は，**R** 上で連続だが，**R** 上で微分可能ではない関数であれば何でもよい．たとえば，$f(x) = |x|$ は反例となる．実際，$f(x) = |x|$ は **R** 上で連続だが，$x = 0$ で微分可能でないので，**R** 上で微分可能ではない．

◆**例題 2.91** 次の問いに答えよ．

(1)
$$\text{命題 } P : \forall A(A \text{ は } 2 \text{ 次正方実行列}), A^2 = O \Longrightarrow A = O$$
の否定命題を作れ．

(2) P の否定命題が成り立つことを示すことにより，命題 P が偽であることを示せ．

例題 2.91 の解答例． (1) P の否定命題 $\overline{P}$ は

$$\text{命題 } \overline{P} : \exists A(A \text{ は } 2 \text{ 次正方実行列}), A^2 = O, \text{かつ}, A \neq O$$

である．

(2) $A = \begin{pmatrix} 0 & 1 \\ 0 & 0 \end{pmatrix}$ とおくと，$A \neq O$ かつ $A^2 = O$ を満たす．したがって，P の否定が真である．したがって，P は偽である．　■

◆**例 2.92**「すべての無理数 α, β について，$\alpha\beta$ は無理数とは限らない」を書き換えてみる．

正しい書き換えは，「「すべての無理数 α, β について，$\alpha\beta$ は無理数」でない」すなわち，

$$\overline{\forall \alpha(\text{無理数}), \forall \beta(\text{無理数}), \alpha\beta \text{は無理数}}$$

である．

「すべての無理数 α, β について「$\alpha\beta$ は無理数でない」」は誤った書き換えである．

正しい言い換え「「すべての無理数 α, β について，$\alpha\beta$ は無理数」でない」をさらに書き換えると，

$$\exists \alpha(\text{無理数}), \overline{\forall \beta(\text{無理数}), \alpha\beta\text{は無理数}}.$$

さらに書き換えると，

$$\exists \alpha(\text{無理数}), \exists \beta(\text{無理数}), \overline{\alpha\beta\text{は無理数}}.$$

一般に「とは限らない」ことを示すには，成り立たない例がある，ということ，つまり，「反例」を見つけるとよい．

命題「すべての無理数 α, β について，$\alpha\beta$ は無理数」に対する反例は次の通りである：$\alpha = \sqrt{2}, \beta = \sqrt{2}$ は無理数であるが，$\alpha\beta = 2$ は無理数でない．

演習問題 2.93 次の命題は真か偽か判定せよ．真ならば証明し，偽ならば反例を挙げよ．ただし，無理数とは，有理数でない実数のことである．

(1) 任意の実数 α, β について，α, β が無理数ならば，$\alpha + \beta$ は無理数である．
(2) 任意の実数 r, α について，r が有理数で α が無理数ならば，$r + \alpha$ は無理数である．

☞ 背理法 (2.21 節)．

2.21 背理法

背理法は，$P \Rightarrow Q$ 型の命題が真であることを証明する 1 つの方法である．$(P \Rightarrow Q) \iff \overline{P} \vee Q$ であるから，その否定命題 $\overline{P \Rightarrow Q} \iff \overline{\overline{P} \vee Q} \iff P \wedge \overline{Q}$ を仮定して矛盾を導く．すなわち，

背理法とは，P が真であると仮定し，さらに Q が偽であると仮定し，
それらの仮定から論理的に矛盾を導き，
その結果として，$P \Rightarrow Q$ が真であることを示す論法

のことである.

　背理法について補足説明をする．命題 $P \Rightarrow Q$ は，命題 $\overline{P} \vee Q$ と同値であり，真偽を共にする．したがって，$P \Rightarrow Q$ が真であることを示すには，$\overline{P} \vee Q$ が真であることを示せばよい．$\overline{P} \vee Q$ の否定は，$\overline{\overline{P} \vee Q} \Leftrightarrow P \wedge \overline{Q}$ であるから，$P \wedge \overline{Q}$ が真でないこと（すなわち，偽であること）を示せばよい．ここで，$P \wedge \overline{Q}$ が真なのは，「P が真」かつ「Q が偽」の場合に限るから，「P が真」かつ「Q が偽」の場合が論理的に起こり得ないことを示せば，$P \wedge \overline{Q}$ が偽なので，$\overline{P} \vee Q$ が真，すなわち，$P \Rightarrow Q$ が真である，というわけである．

　証明すべき命題が，ある対象 x（変数，変量，variable）に関係していて，「$\forall x, (P(x) \Rightarrow Q(x))$」という型をしている場合も多い．この場合には，命題 $\forall x, (P(x) \Rightarrow Q(x))$，すなわち，$\forall x, \left(\overline{P(x)} \vee Q(x)\right)$ が真であることを示すために，その否定命題である $\exists x, \left(\overline{\overline{P(x)} \vee Q(x)}\right)$ あるいはそれと同値な，$\exists x, \left(P(x) \wedge \overline{Q(x)}\right)$ が偽であることを示す．つまり，$P(x) \wedge \overline{Q(x)}$ が真となる x は存在しないこと，すなわち $P(x)$ が真で $Q(x)$ が偽，という場合は論理的に起こり得ないことを示すわけである．

◆**例 2.94** 任意の実数 a について，

$$(\forall \varepsilon > 0, |a| \leq \varepsilon) \Rightarrow a = 0$$

が成り立つことを背理法により証明してみよう．

　命題 $P(a)$ を「$\forall \varepsilon > 0, |a| \leq \varepsilon$」とし，$Q(a)$ を「$a = 0$」とする．$P(a)$ を仮定し，$Q(a)$ の否定を仮定する．すなわち，$\forall \varepsilon > 0, |a| \leq \varepsilon$ とし，$a \neq 0$ とする．$a \neq 0$ なので，$|a| > 0$ である．このとき，正の実数 ε として，$\frac{1}{2}|a|$ ととる．$\forall \varepsilon > 0, |a| \leq \varepsilon$ と仮定したから，特に，$|a| \leq \frac{1}{2}|a|$ が成り立つはずである．しかし，これが成り立つとすると，$\frac{1}{2}|a| \leq 0$，したがって，$|a| \leq 0$ となり，$|a| > 0$ に矛盾する．

　矛盾が生じたのは，$\forall \varepsilon > 0, |a| \leq \varepsilon$ を仮定しながら，$a \neq 0$ と仮定したからであり，$\forall \varepsilon > 0, |a| \leq \varepsilon$ の仮定の下で，$a = 0$ が成り立つ，ということである．

したがって，背理法により，与えられた命題が成り立つことが証明された．

演習問題 2.95 背理法を用いて，次の命題が成り立つことを示せ．「x が正の実数で $x^2 = 3$ を満たすならば x は無理数である．」

✔ **注意 2.96（背理法モード）** 背理法は，架空の世界に遊ぶ技である．その過程で得られた結論は，皆，幻想である．矛盾した仮定から導かれたことだからだ．矛盾した仮定からは何でも導くことができる．繰り返そう．**矛盾した仮定からは何でも導くことができる．**

実際，$P \wedge \overline{P}$ が恒偽命題だから，任意の命題 Q について，命題 $(P \wedge \overline{P}) \Rightarrow Q$ は真である．だから $P \wedge \overline{P}$ が成り立つと仮定してしまえば，Q が成り立つ．どんな命題でも導くことができる．背理法モードから脱出するまで，現実には戻れないのだ．だから，背理法を使っているときは，このことを常に忘れずに意識しておかなければいけない．いま，"背理法モード"に入っているぞ，と呟きながら．

2.22 ε-N 論法

論理が活躍する一例として，有名な ε-N 論法や ε-δ 論法を取り上げて説明したい．

ε-N 論法は数列の収束・非収束を厳密に定義する方法であり，したがって，数列の収束・非収束を検証する最終手段となる論法である．

定義 2.97 数列 $(a_n)_{n=1}^{\infty}$ が実数 a に**収束する** (converges to a) とは，任意の実数 $\varepsilon > 0$ に対して，自然数 N が存在して，$N < n$ である任意の自然数 n に対して，$|a_n - a| < \varepsilon$ が成り立つときにいう．このことを，

$$\lim_{n \to \infty} a_n = a$$

あるいは，

$$a_n \to a \ (n \to \infty)$$

という式で表す．

定義 2.97 について説明する．番号 n をどんどん大きくしていくと，実数 a_n の値が実数 a にどんどん近づいていく．この直感的には明らかなような状況を，<u>数学的に明確に厳密に記述したい</u>[19]．

さて，a_n が a に近づく，ということは，$|a_n - a|$ が 0 に近づく，というふうに言い換えられる．だから，

　　　　番号 n を大きくしていく，ならば，$|a_n - a|$ が 0 に近づく

ということを明確に厳密に表したい．そのために，まず詩で表現してみよう：

ε-N の詩（うた）

任意に $\varepsilon > 0$ を決めてください．
いくら小さくてもよいのです．
たとえ，千分の 1 でも，万分の 1 でも，一億分の 1 でも…
そして，誤差の条件 $|a_n - a| < \varepsilon$ を設定してください．
それに応じて，こちらで，番号 N を決めますよ．
ものすごく大きく決めますよ．
どういうふうに決めるのか．
番号 n が N より大きくなったなら，
必ず $|a_n - a| < \varepsilon$ が成り立つように．
必ず $|a_n - a| < \varepsilon$ が成り立つように．

---

[19]数学的に明確に厳密に記述しておけば，直観が働きづらくなるような複雑な状況下でも正しく推論することが可能になる．（R 博士）

数列の収束の厳密な定義を，論理記号を使ってくりかえして書くと次のように与えられる[20]：

定義 2.98

数列 $(a_n)_{n=1}^{\infty}$ が実数 a に**収束する** $\overset{\text{def.}}{\iff}$
$$\forall \varepsilon > 0, \exists N \in \mathbf{N}, \forall n \in \mathbf{N}, (N < n \Rightarrow |a_n - a| < \varepsilon).$$

定義 2.99 数列 $(a_n)_{n=1}^{\infty}$ が**収束する**とは，ある実数 a があって，a に収束する，ということである．

◆**例題 2.100** 数列 $(a_n)_{n=1}^{\infty}$ が収束する，という条件を論理記号を使って言い換えよ．

例題 2.100 の解答例． 論理記号を使って言い換えると，

数列 $(a_n)_{n=1}^{\infty}$ が収束する $\iff$
$$\exists a \in \mathbf{R}, \forall \varepsilon > 0, \exists N \in \mathbf{N}, \forall n \in \mathbf{N}, (N < n \Rightarrow |a_n - a| < \varepsilon)$$

となる． ■

定義 2.101 数列 $(a_n)_{n=1}^{\infty}$ が**発散する** (divergent) とは，収束しないということである．

演習問題 2.102 数列 $(a_n)_{n=1}^{\infty}$ が発散する，という条件を論理記号を使って言い換えよ．
☞「任意」「ある」の否定 (2.18 節)．「ならば」の否定（系 2.44）．

---

[20]文字 n を使えないので，n の代わりに文字 N を使っている．添字付きの文字 n_0 を使うこともある．この場合は，ε-n_0 論法と読んでもよい．ちなみに，n_0 は n ノートと読む．（0 が番号の場合は n ゼロ，でよいが，この場合は，単なる"しるし"の 0 である．）

2.23　ε-δ 論法

ε-δ 論法は，関数値の収束性や関数の連続性などを厳密に定義する方法であり，したがって，関数値の収束性や関数の連続性を論理的に検証する最終手段となる論法である．

定義 2.103　a, c を実数とする．x が a に近づくとき，関数 $f(x)$ の値が c に近づくとは，任意の $\varepsilon > 0$ に対して，$\delta > 0$ が存在して，$|x - a| < \delta$ ならば $|f(x) - c| < \varepsilon$ が成り立つときにいう．このことを，

$$\lim_{x \to a} f(x) = c$$

あるいは，

$$f(x) \to c \ (x \to a)$$

という式で表す．

　定義 2.103 を説明しよう．変数 x を動かすと関数 $f(x)$ の値が動く．x をどんどん a に近づけていくと，$f(x)$ の値が c にどんどん近づく．この直感的には明らかなような状況を，<u>数学的に厳密に記述したい</u>．

　x を a に近づける，ということは，$|x - a|$ を 0 に近づける，と言い換えられる．$f(x)$ の値が c に近づく，ということは，$|f(x) - c|$ が 0 に近づく，と言い換えられる．

　すなわち，$|x - a|$ を 0 に近づける，ならば，$|f(x) - c|$ が 0 に近づく，ということを<u>明確に表現したい</u>．まず，詩で表現しよう：

2.23 ε-δ 論法

ε-δ の詩（うた）

任意に $\varepsilon > 0$ を決めてください．
いくら小さくてもよいのです．
たとえ，千分の 1 でも，万分の 1 でも，一億分の 1 でも．．．
そして，誤差の条件 $|f(x) - c| < \varepsilon$ を設定してください．
それに応じて，こちらで，$\delta > 0$ を決めますよ．
ものすごく小さく決めますよ．
どういうふうに決めるのか．
$|x - a| < \delta$ なら条件 $|f(x) - c| < \varepsilon$ が成り立つように．
おっと，違った．
x は a に近づくだけでよいのだから，
$0 < |x - a| < \delta$ なら条件 $|f(x) - c| < \varepsilon$ が成り立つように．
$0 < |x - a| < \delta$ なら条件 $|f(x) - c| < \varepsilon$ が成り立つように．

関数の収束性の数学的に厳密な定義は，論理記号を使って表すと次のようになる：

$\lim_{x \to a} f(x) = c$
$\iff \forall \varepsilon > 0, \exists \delta > 0, \forall x \in \mathbf{R}, (0 < |x - a| < \delta \implies |f(x) - c| < \varepsilon).$

ただし，$x \in \mathbf{R}$ の部分は，関数 $f(x)$ の定義域によって書き換えるべき部分である．

☞ 関数 (4.1 節)．

◆**例題 2.104** 「x が a に近づくとき，関数 $f(x)$ の値が c に近づく」の否定命題を論理記号を用いて表せ．

例題 2.104 の解答例.

$$\overline{\forall \varepsilon > 0, \exists \delta > 0, \forall x \in \mathbf{R}, (0 < |x-a| < \delta \Longrightarrow |f(x)-c| < \varepsilon)}$$
$$\iff \exists \varepsilon > 0, \forall \delta > 0, \exists x \in \mathbf{R}, (0 < |x-a| < \delta \text{ かつ } |f(x)-c| \geq \varepsilon).$$

■

定義 2.105 $f(x)$ が $x = a$ を含む区間で定義されているとする.このとき,関数 $f(x)$ が $x = a$ で**連続** (continuous) であるとは,$\lim_{x \to a} f(x) = f(a)$ のときにいう.

これを数学的に厳密に表現してみよう.$\lim_{x \to a} f(x) = c$ は

$$\forall \varepsilon > 0, \exists \delta > 0, \forall x \in \mathbf{R}, (0 < |x-a| < \delta \Longrightarrow |f(x)-c| < \varepsilon)$$

と同値だから,$c = f(a)$ とおくと,

$$\forall \varepsilon > 0, \exists \delta > 0, \forall x \in \mathbf{R}, (0 < |x-a| < \delta \Longrightarrow |f(x)-f(a)| < \varepsilon)$$

となる.いま,$x = a$ のとき,$|f(x) - f(a)| < \varepsilon$ は成り立つから,

$$\forall \varepsilon > 0, \exists \delta > 0, \forall x \in \mathbf{R}, (|x-a| < \delta \Longrightarrow |f(x)-f(a)| < \varepsilon)$$

と書き直しても同値な命題になる.したがって,関数 $f(x)$ が区間 I 上で定義され,$a \in I$ のとき,

$f(x)$ が a で連続
$\iff \forall \varepsilon > 0, \exists \delta > 0, \forall x \in I, (|x-a| < \delta \Longrightarrow |f(x)-f(a)| < \varepsilon)$

となる.
☞ 関数(4.1 節).

演習問題 2.106 関数 $f(x)$ が区間 I 上で定義され,$a \in I$ であるとする.「$f(x)$ が a で連続でない」という命題を論理記号を使って表せ.
☞ 演習問題 2.86.

余 談 論理と直観，数学の役割

R博士：先生は最近，変な詩を作って授業中に詠んでいるそうですね．
I先生：ε-δ 論法などは，ただ論理式を追っているだけではわかりづらいからね．教育的配慮だよ．
R博士：それで論理をわかってくれますか？
I先生：さあね．答案の途中の推論がめちゃくちゃなのは困るよ．
R博士：論理をわきまえているって大切ですよね．「論理を知っている非論理」と「論理を知らない非論理」は違いますからね．飛躍は必要．でも，それを論理的・分析的に説明する，その努力が新しい発見の源になると思います．論理が直観を鍛えることになりますね．
I先生：そうだ．話は変わるが，数学の論文のレフリーを引き受ける機会が多い．レフリーは査読ともよばれ，学術雑誌に投稿された論文の内容が正しいかどうか，さらに，重要かどうか，その学術雑誌に掲載する価値があるかどうか，を判断する仕事だが，その場合，実は，論文の定理の証明を論理的に追っていくだけではない．直観も生かした作業を並行して行う．
R博士：そうですか．
I先生：そう．たとえば，その論文の著者の主張する「定理」の結論から，さらに何が導かれるかを考える．そうして，先行結果と矛盾していないか確認する．定理の重要性も確認する．「定理」の適用できる具体例を調べる．そこで違和感を覚え，証明のギャップを見つけたりもするんだ．ともかく論理で鍛えられた直観が大事だということだ．
R博士：「直観」というとブラウアーの「直観主義」を連想しちゃいますね．
I先生：そうだね．ただそれは普通の意味の直観とは違うよ．「直観主義」というよりは，「構成主義」とでもよんだ方がよいかもしれないね．超越的な方法で問題の解の存在を証明した後は，やはり解の具体的構成，アルゴリズムが必要になるということだ．現代では特に必要とされてきているよ．計算機が発達したからね．思うに，数学をするのに必要なものが，紙と鉛筆の時代から，紙 (paper) と鉛筆 (pencil) とパソコン (PC) の時代になったんだ．
R博士：なるほど．ところで，数学の役割って何でしょうね．

I 先生 ：数学の役割は何か．数学は，物理学ほど，現実世界と直接的にかかわらない．しかし，数学と物理学のかかわりは深い．フィールズ賞を受賞した著名な数学者の小平邦彦先生は，五感と同じように「数覚」というものが存在する，と言っている．ある意味で，数学は広い意味での自然科学であり，しかも，他の自然科学よりも普遍性・汎用性のある学問であるといえる．もし自然科学一般が「神の法則」を調べるものであるとすると，数学は「神の法則の創り方」をも調べるものだ．そして数学の学問のあり方は，たとえ話になるが，「険しい山に登って頂上の景色を帰ってから麓の人に報告する」ということになる．まず，山に登る体力や技術が必要だ．山に登ろうという意欲や勇気も必要だ．山に登って景色をよく観察して理解する能力も必要だ．その後で麓にたどりつかなければいけないし，見た景色の美しさをちゃんと伝えるスキルも要る．その際，数学の型や様式は，「報告」の部分で極めて重要になる．型や様式を知ることは，報告する人も報告される人も共有しなければならない見識であろう．そのための論理ももちろん共有していなければならないね．

R 博士：「型」がないと「型なし」で，「型破り」もできない，ってことですね．

I 先生 ：それは昔，僕が言ったことだ...

第3章

集合

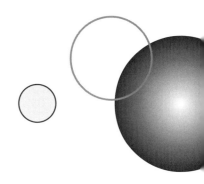

・・・数学は集合と写像の言葉で書かれている．

数学は集合と写像の言葉で論理的に表される．論理に基づいて，集合や写像を調べる，これが数学の基本である．

論理から集合へ．

集合は論理を使って記述される．この流れを意識することが大切である．

本章では，集合や写像の基本的な考え方，用語などを第1章，第2章の内容に基づいて解説する．数学の学習・研究に必要なスキルを強化するための，集合に関する知識・見識を提供する．

3.1 集合

集合は，"ものごと"の集まりである．その集まりに属するか属さないかが客観的に定まっている集まりのことを**集合** (set) とよぶ．

物質的な"もの"であってもよいし，概念的な"こと"であってもよい．

数学では"汎用性"が必須なので，数学の扱う対象に，論理的な制約以外の制約を敢えて課すことはしない．

S を集合とする．x が S に **属する** (belong(s) to) ということを

$$x \in S$$

や

$$S \ni x$$

という記号で表す[1]．x が S に属するとき，x は S の **要素** (element, member) であるとか，x は S の **元（げん）** である，という．y が S に属さないときには，$y \notin S$ や $S \not\ni y$ という記号で表す．

たとえると，集合は"団体"であり，要素は個々の"構成員"，"メンバー"のことである．

集合の表し方には大きく2通りの表示がある．

> 列挙による表示　と　条件による表示

の2通りである．

集合 S が，要素 $a, b, c, \ldots$ からなり，それ以外の要素がない場合，

$$S = \{a, b, c, \ldots\}$$

と表す（列挙による表示）．なお，省略の記号 $\ldots$ は，何が省略されるか，はっきりわかる場合にのみ使用する．

◆例 3.1

$$S = \{0, 1, 2, 3, \ldots\}, \quad T = \{1, 3, 5, 7, \ldots\}$$

はそれぞれ，自然数（非負整数）の全体集合，奇数である自然数の全体集合，である．

---

[1] 英語では，x belongs to S. あるいは，S has x as an element.

◆**例 3.2** 集合 S の要素が, $2, 4, 6, 9, 11$ からなり, それ以外の要素がない場合,

$$S = \{2, 4, 6, 9, 11\}$$

と表す[2].

◆**例題 3.3** レストラン「RONRI」の今日の日替りランチセットのメニューは, セット A が, トンカツ, みそ汁, サラダ, コーヒー, アイスクリーム, セット B は, 真鯛のムニエル, コンソメスープ, サラダ, コーヒー, アイスクリーム, だった. A と B を集合で表せ. また, 次の命題が真が偽か判定せよ.

(1) トンカツ $\in A$ かつ 真鯛のムニエル $\in B$.
(2) みそ汁 $\in A$ かつ みそ汁 $\in B$.
(3) みそ汁 $\in A$ かつ コンスメスープ $\in B$.
(4) サラダとコーヒーとみそ汁は, A にも B にも共通に属している.
(5) サラダとコーヒーとアイスクリームは, A にも B にも共通に属している.

例題 3.3 の解答例. $A = \{$ トンカツ, みそ汁, サラダ, コーヒー, アイスクリーム $\}$, $B = \{$ 真鯛のムニエル, コンソメスープ, サラダ, コーヒー, アイスクリーム $\}$, (1) 真 (2) 偽 (3) 真 (4) 偽 (5) 真. ∎

演習問題 3.4 例題 3.3 のレストラン「RONRI」に, R 君と O さんと N 君が今日ランチを食べに行った. R 君はランチセット A, O さんはランチセット B を頼んだが, N 君は単品のカツカレーを頼んだ. R 君, O さん, N 君が頼んだ料理の種類全部の集合 X を書け.

集合のもう 1 つの表し方は, 要素を条件で規定する方法である. 変数 x に関する命題の族 $P(x)$ を定める. すると, $P(x)$ が真か偽かで, x が条件づけられる. そこで, $P(x)$ を条件と見て, $P(x)$ が成り立つような x だけを集めて, 1 つの集合を形成する. すなわち, 集合 S を $P(x)$ をもとに,

$$x \in S \iff P(x) \text{ が真}$$

---

[2] 「小の月」の数字の集合である.「西向く侍」と覚えることができる. ここで, 侍は武士, 武士の士の字は十一とも読めるからである.（I 先生）

という条件で定める．このとき，集合 S を

$$S = \{x \mid P(x)\}$$

という式で表す．

$$\{ \text{メンバーの候補} \mid \text{メンバーの条件} \}$$

という様式である[3]．

このように，命題の族から集合が定まるのである．

☞ 真理集合（注意 3.66）．

◆例 3.5 $P(x)$ を（変数 x の入った）命題の族

$$P(x) : \exists k (k \text{ は整数}),\ x = 2k$$

であると定める[4]．条件 $P(x)$ によって定まる集合は，

$$S = \{x \mid \exists k (k \text{ は整数}),\ x = 2k\}$$

である．たとえば，$x = -4$ は，$k = -2$ に対して条件を満たしているので，$-4 \in S$ である．$x = 93$ は，どんな整数 k についても，$93 = 2k$ とはならないので，$93 \notin S$ である．このようにして集合 S が定まる．S は偶数（である整数）の集合 $2\mathbf{Z}$ を表している．

上の集合 S を

$$S = \{2k \mid k \text{ は整数}\}$$

と表すこともできる．これは，列挙による表示と条件による表示の折衷形と言える．

✔注意 3.6 集合の表記法はいろいろある．たとえば，xy-平面内の単位閉円板は，

$$D : x^2 + y^2 \leq 1$$

---

[3] 同じ意味で，| の代わりに，; (セミコロン) を用いて，$S = \{x\,;P(x)\}$ と表す場合もある．

[4] $P(x)$ と書くのは，命題の真偽が x だけに依存しているからである．すなわちこの際，k は無関係で，x だけ決めれば，真偽が決まるからである．

あるいは，
$$D = \{x^2 + y^2 \leq 1\}$$
などと表される場合がある．

これは，
$$D = \{(x, y) \in \mathbf{R}^2 \mid x^2 + y^2 \leq 1\}$$
の略記である[5]．

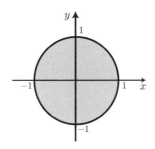

図 3.1 単位閉円板

通常，われわれが数学をする場合，あらかじめ与えられた1つの集合の範囲内で集合を考える場合が多い．1つの集合 Ω の要素 x で，条件 $P(x)$ を満たすものすべてからなる集合
$$S = \{x \mid (x \in \Omega) \wedge P(x)\}$$
は，
$$S = \{x \in \Omega \mid P(x)\}$$
とも表示される．

---

[5] まあ，わかればよい．わかりづらいのはよくない．（I 先生）

✔**注意 3.7** 記号 x を使っているが，別の記号を使ってもよい．

$$S = \{x \in \Omega \mid P(x)\}$$
$$= \{y \in \Omega \mid P(y)\}$$
$$= \{a \in \Omega \mid P(a)\}$$

と表すことも可能である．この際，文字 x は文字 y，あるいは a などに一斉に変えなければいけない．一部だけ変えたら集合の意味が違ってきてしまうので注意せよ．

3.2 しばしば登場する集合の記号

すでに 3.1 に登場しているが，すべての自然数からなる集合を記号 **N** で表す：

$$\mathbf{N} := \{0, 1, 2, 3, \ldots\}.$$

ちなみに本書では，0 も自然数としている．ものごとは零から始まるからだ[6]．
☞ 自然数の構成 (4.16 節)．零の発見 (参考文献 [12])．

記号 **R** で実数の全体集合を表す．

したがって，$x \in \mathbf{R}$ は，x が実数であることを意味する．

その他に，

- すべての整数からなる集合 **Z**,
- すべての有理数からなる集合 **Q**,
- すべての複素数からなる集合 **C**,

などは，その記号を含めて，現代数学で多用される．ぜひ覚えておこう．
☞ 数の構成 (4.16 節)．

◆**例 3.8** (区間 (interval))

$$(a, b) = \{x \in \mathbf{R} \mid a < x < b\} = \{x \in \mathbf{R} \mid a < x \text{ かつ } x < b\}$$

---

[6] ただし，0 を自然数から除外している場合も多いので，その都度，機会あるごとに確認するのがよい．

は**開区間** (open interval) である．記号として平面上の点の座標の表し方と偶然同じなので混同しないように注意したい．フランス式では

$$]a,b[= \{x \in \mathbf{R} \ ; \ a < x < b\}$$

と表す場合もある．

一方，
$$[a,b] = \{x \in \mathbf{R} \mid a \leq x \leq b\} \quad （閉区間）$$
や
$$(a,b] = \{x \in \mathbf{R} \mid a < x \leq b\}, \quad [a,b) = \{x \in \mathbf{R} \mid a \leq x < b\} \quad （半開区間）$$

などの記号も多く用いられる．

演習問題 3.9 次の集合を，集合の様式 $\{\cdots \mid \cdots\}$ を用いて表せ．

(1) $A = [0,1]$ （閉区間）．
(2) $U = (-1,1)$ （開区間）．
(3) 非負実数の全体集合 $\mathbf{R}_{\geq 0}$．

✔ **注意 3.10** 次のような表現を用いる場合もある：

$$(a,\infty) = \{x \in \mathbf{R} \mid a < x\}, \quad (-\infty,b] = \{x \in \mathbf{R} \mid x \leq b\}.$$

また，$\mathbf{R} = (-\infty,\infty)$ と表す場合もある．もちろん，∞ や $-\infty$ は実数ではないので，これらの記法は，記号の拡大解釈的濫用であるものの，教育的には有効な記法であろう．

3.3 集合の相等

数学では，当たり前と思われるところにキーポイントがある．数学の専門家でも，ときどき，基礎に戻って"当たり前"を再確認する必要が生じる．数学を利用する他分野の研究者にとって，"当たり前"は，数学を勉強する際に，垣根（段差）[7]となる部分でもある．段差を乗り越えるスキルとともに，どこに段

---

[7] ♪ 垣根の垣根の曲がり角，危険な危険な曲がり角〜 ♪．(I 先生)

差があるか，という認識も必要になる．また，どこに段差があるか，を知ることは，数学を教える立場の人には，必須の知識となる．閑話休題．

定義 3.11 2つの集合 S と集合 T が 等しい (equal) とは，両者の要素が完全に一致しているときに，そのときにのみいう．すなわち

$$\forall x, (x \in S \Leftrightarrow x \in T)$$

が成り立つときである．このとき，$S = T$ と書く．したがって，

$$S = T \iff (\forall x, (x \in S \Leftrightarrow x \in T))$$

である．

前節ですでに，集合に対して等号を用いているが，もちろん，ここで与えた集合の相等の定義に適合している．

3.4 包含関係，部分集合

定義 3.12 S, T を集合とする．S のすべての要素が T の要素であるとき，S が T に 含まれる (included) という．このとき，T は S を 含む (include)，などともいう．記号 $S \subseteq T$ で，S が T に含まれることを表す．すなわち，

$$S \subseteq T \iff \forall x, (x \in S \Rightarrow x \in T)$$

である．$S \subseteq T$ と同じ意味で，$T \supseteq S$ とも表す：

$$T \supseteq S \iff S \subseteq T$$

である．

S が T に含まれるとき，すなわち，$S \subseteq T$ が成り立つとき，S は T の 部分集合 (subset) であるという．

✔**注意 3.13** 包含関係の記号 $S \subseteq T$ と記号 $S \subset T$ は同じ意味である．等しい場合も許している．ただし，不等式との類似から，等号の場合も含めるのか否か感

覚的に誤解される場合もあるので，**等号の場合も含まれる**ということを強調するために，本書では，主に記号 $\subseteq$ を使い，等号を排除するときには，忘れずに記号 $\subsetneq$ を使って区別している．他書を読むときも，どういう意味で記号を用いているのかに少しだけ注意するのがよい．

次の定理は，定義から直ちに導かれるが，集合が等しいことを示すときに，定理と意識せずに極めて多用される重要な定理である：

定理 3.14 集合 S と T が等しいための必要十分条件は，$S \subseteq T$ かつ $T \subseteq S$ が成り立つことである．つまり，

$$(S = T) \iff (S \subseteq T \text{ かつ } T \subseteq S)$$

が成り立つ．

証明 $S = T$ ならば，$S \subseteq T$ かつ $T \subseteq S$ が成り立つことは明らかである．
逆に，$S \subseteq T$ かつ $T \subseteq S$ が成り立つとする．任意の x について，$x \in S \Longrightarrow x \in T$ かつ $x \in T \Longrightarrow x \in S$ が成り立つ．すなわち，$x \in S \iff x \in T$ が成り立つ．したがって，

$$(S = T) \iff (S \subseteq T \text{ かつ } T \subseteq S)$$

が成り立つ． ∎

◆**例題 3.15** 次の集合 S, T に対して，$S = T$ を示せ．
$S = \{n \in \mathbf{Z} \mid n \text{ は } 2 \text{ の倍数，かつ，} n \text{ は } 3 \text{ の倍数}\}$.
$T = \{n \in \mathbf{Z} \mid n \text{ は } 6 \text{ の倍数}\}$.

例題 3.15 の解答例． $S \subseteq T$ かつ $T \subseteq S$ が成り立つことを示す．
$S \subseteq T : n \in S$ とすると，n は 2 の倍数なので，ある $m \in \mathbf{Z}$ があって，$n = 2m$ が成り立つ．また，n は 3 の倍数なので，ある $\ell \in \mathbf{Z}$ があって，$n = 3\ell$

が成り立つ．このとき，$2m = 3\ell$ であるから，m は 3 の倍数である（素因数分解の一意性からの帰結である）．したがって，ある $k \in \mathbf{Z}$ があって，$m = 3k$ が成り立つ．したがって，その k に関して，$n = 2m = 6k$ が成り立つ．したがって，n は 6 の倍数であり，$n \in T$ が成り立つ．したがって，$S \subseteq T$ が成り立つ．

$T \subseteq S : n \in T$ とすると，n は 6 の倍数だから，n は 2 の倍数であり，かつ，n は 3 の倍数である．したがって，$n \in S$ が成り立つ．したがって，$T \subseteq S$ が成り立つ． ■

演習問題 3.16 次の集合 S, T に対して，$S = T$ を示せ．

$S = \{n \in \mathbf{Z} \mid n$ は 2 の倍数，かつ，n は 5 の倍数 $\}$．
$T = \{n \in \mathbf{Z} \mid n$ は 10 の倍数 $\}$．

演習問題 3.17 集合 X, Y について次の問に答えよ．

(1)「$X \subseteq Y$」の定義を書け．
(2)「$X \not\subseteq Y$」（$X \subseteq Y$ の否定）を定義する命題（つまり，$X \subseteq Y$ を定義する命題の否定命題）を書け．
(3)「$X \subsetneq Y$」を定義する命題を書け．
(4)「$X \not\subsetneq Y$」（$X \subsetneq Y$ の否定）を定義する命題を書け．

3.5 空集合

空集合 とは，属する要素が全くない集合のことである．つまり，空（から）の集合である．要素の個数が零である集合である．空集合は，記号 $\emptyset$ で表される．

空集合というものを考えると非常に便利である．というか，空集合がないと，数学が成立しないし，話にならない．

属する要素が全くない集合，などというようなものを考えられたことは，いわゆる「零の発見」と同様の，人類の大きな英知の 1 つに数えることができる[8]．

空集合の定義から，次のことがわかる．

---

[8] 数学において，「零」の発見は重要であった．たとえば，「正の数」に加えて，「負の数」も考えるためには，どうしても「零」を認識する必要があるだろう．また，実際問題として，数字の計算で「位（くらい）取り」のために，0 の存在は不可欠である．参考文献 [12] も参照のこと．

| 定理 3.18 |　(1) どんな x に対しても，命題 $x \in \emptyset$ は偽である．
(2) すべての集合 S に対して，$\emptyset \subseteq S$ が成り立つ．

証明　(1) は定義から明らかである．
(2) どんな x に対しても，$x \in \emptyset$ は偽であるから，命題 $x \in \emptyset \Rightarrow x \in S$ は真である．したがって，$\forall x, (x \in \emptyset \Rightarrow x \in S)$ は真である．したがって，$\emptyset \subseteq S$ が成り立つ． ■

◆**例 3.19**　たとえば，$\{(x,y) \in \mathbf{R}^2 \mid x^2 + y^2 < 0\} = \emptyset$ が成り立つ．なぜなら，実数 x, y に対しては，常に $x^2 + y^2 \geq 0$ だから，条件を満たす (x,y) は存在しない．

演習問題 3.20　x の入った命題（条件）$P(x)$ について，次の 3 つの命題が互いに同値であることを示せ．
(1) $\{x \mid P(x)\} = \emptyset$.　(2) $\forall x, \overline{P(x)}$.　(3) $\overline{\exists x, P(x)}$.

3.6　有限集合と無限集合

　数学の原点は，無論，数を数えることにある．昔は $1, 2, 3$ もう沢山，だった．それから幾千の年月が経ったのだろう．ようやく，現在，われわれは「無限」を認識することができるようになった．ようやく，「有限」と「無限」の区別ができるようになった．

　要素の個数が有限個の集合を **有限集合** (finite set) とよぶ．有限集合でない集合を **無限集合** (infinite set) とよぶ．

◆**例 3.21（ただ 1 つの要素からなる集合）**　集合 S の要素 x に対し，x だけからなる集合が考えられるが，その集合を $\{x\}$ で表す．$x \in S$ であり，$\{x\} \subseteq S$ ということになる．

◆**例 3.22**　n を自然数とする．$n+1$ 個の要素からなる集合 $S = \{0, 1, 2, \ldots, n\}$ は有限集合である．空集合も有限集合の仲間に入れる．空集合の要素の個数は

0 個である.

◆例 3.23　自然数の全体集合 **N**，整数の全体集合 **Z**，有理数の全体集合 **Q**，実数の全体集合 **R**，複素数の全体集合 **C** はすべて無限集合である.

3.7　共通部分と和集合

定義 3.24　S と T を集合とする．このとき, S と T の **共通部分** (intersection) とよばれる集合 $S \cap T$ が

$$S \cap T := \{x \mid (x \in S) \land (x \in T)\} = \{x \mid x \in S \text{ かつ } x \in T\}$$

により定まる．また，S と T の **和集合** (union) $S \cup T$ が

$$S \cup T := \{x \mid (x \in S) \lor (x \in T)\} = \{x \mid x \in S \text{ または } x \in T\}$$

により定まる．定義の第 1 式は，論理記号を使った式であり，第 2 式は，同じ意味を通常の数学の言葉で表した式である.

☞　かつ（2.5 節）．または（2.7 節）．

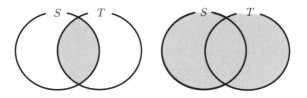

図 3.2　共通部分 $S \cap T$ と和集合 $S \cup T$

✔注意 3.25（ベン図は便利だが...）　図 3.2 のような図をベン (Benn) 図とよぶ．ベン図は，どんな集合も平面領域で表す．しかし，すべての集合が平面領域で表されるだろうか？　それは無理な話だ．ベン図は便利だが，その乱用（濫用）は慎むべきである．

3.7 共通部分と和集合

✔ **注意 3.26** S, T, W を集合とする．共通部分について次が成り立つ：

$$S \cap T = T \cap S, \ S \cap S = S, \ (S \cap T) \cap W = S \cap (T \cap W).$$

和集合について次が成り立つ：

$$S \cup T = T \cup S, \ S \cup S = S, \ (S \cup T) \cup W = S \cup (T \cup W).$$

また，共通部分と和集合について，"吸収則"

$$(S \cap T) \cup S = S, \quad (S \cup T) \cap S = S$$

が成り立つ．
☞ かつ (2.5 節)．または (2.7 節)．吸収則（定理 2.32）．

◆**例題 3.27** 集合 S, T について，$(S \cap T) \cup S = S$ を示せ．

例題 3.27 の解答例. $(S \cap T) \cup S \subseteq S$：$x \in (S \cap T) \cup S$ とする．$x \in S \cap T$ または $x \in S$ である．$x \in S \cap T$ のとき，$x \in S$ である．いずれにせよ，$x \in S$ が成り立つ．

$S \subseteq (S \cap T) \cup S$ は明らかである．よって，$(S \cap T) \cup S = S$ が成り立つ．■

別解. 命題 $x \in S$ を $P(x)$, $x \in T$ を $Q(x)$ とおく．吸収則（定理 2.32）から，$(P(x) \wedge Q(x)) \vee P(x)$ は $P(x)$ と同値なので，$(S \cap T) \cup S = \{x \mid (P(x) \wedge Q(x)) \vee P(x)\} = \{x \mid P(x)\} = S$ が成り立つ．■

演習問題 3.28 集合 S, T について，$(S \cup T) \cap S = S$ を示せ．

通常，共通部分や和集合は，1 つの集合（全体集合とか普遍集合とよぶ）の部分集合たちについて考える．つまり，x の動き得る範囲をはじめに指定して，その範囲内の部分集合について扱う．

S, T を集合 Ω の部分集合とする．このとき，

$$S \cap T = \{x \in \Omega \mid x \in S \ \text{かつ} \ x \in T\}$$

であり，
$$S \cup T = \{x \in \Omega \mid x \in S \text{ または } x \in T\}$$
である．

◆例 3.29 $S = \{0,1,2,3,4,5\}$, $T = \{0,2,4,6\}$ のとき，
$$S \cap T = \{0,2,4\}, \quad S \cup T = \{0,1,2,3,4,5,6\}$$
である．

演習問題 3.30 量販店「SHUGO」で R 君，O さんが買い物をした．R 君が買ったのは，磁石，T シャツ，ハガキ，本，植木，だった．O さんが買ったのは，T シャツ，帽子，スニーカー，くつ下，植木，だった．R 君が買ったものの種類の集合 R と，O さんが買ったものの種類の集合 O について，$R \cap O$ と $R \cup O$ を書け．

◆例題 3.31 $X = \{(x,y) \in \mathbf{R}^2 \mid 1 \leq x \leq 3, -1 \leq y \leq 1\}$, $Y = \{(x,y) \in \mathbf{R}^2 \mid 2 \leq x \leq 4, 0 \leq y \leq 2\}$ について，$X \cap Y$ と $X \cup Y$ をそれぞれ図示せよ．

例題 3.31 の解答例.

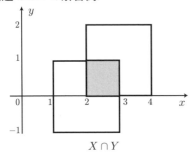
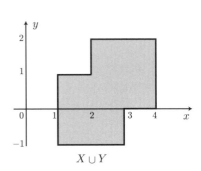

◆例題 3.32 $X = \{(x,y) \in \mathbf{R}^2 \mid x^2 + y^2 \leq 1\}$, $Y = \{(x,y) \in \mathbf{R}^2 \mid (x-2)^2 + y^2 \leq 1\}$ について，$X \cap Y$ と $X \cup Y$ をそれぞれ図示せよ．

例題 3.32 の解答例.

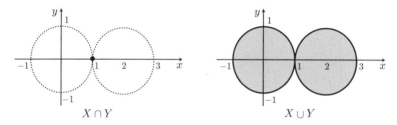

$X \cap Y = \{(1,0)\}$ である. ∎

✔ **注意 3.33** 集合 S と T について, $S \cap T = \emptyset$ のとき, つまり, S, T に共通の要素がないとき, 和集合 $S \cup T$ を $S \sqcup T$ と表し, S と T の**非交差和**(disjoint union) とよぶ. これらは抽象的な対象を構成する場合に, 意外に役立つ概念・記号である.

☞ 注意 3.59.

3.8 集合族の共通部分と和集合

いくつかの集合 (集合の族) をまとめて扱う場合, 添字をつけて表す. $S_a (a \in A)$ を集合族とする. ここで, A は添字集合, 各 a は添字である. a を決めれば, 集合 S_a が決まっていて, a が集合 A を動いている.

定義 3.34 集合族 $S_a (a \in A)$ の共通部分を

$$\bigcap_{a \in A} S_a := \{x \mid \forall a \in A, x \in S_a\}$$

と定め, 集合族 $S_a (a \in A)$ の和集合を

$$\bigcup_{a \in A} S_a := \{x \mid \exists a \in A, x \in S_a\}$$

と定める.

☞ 任意の (2.14 節). ある (2.15 節). 添字 (1.32 節).

◆**例 3.35** $a \in \mathbf{R}$ に対し, $S_a = \{x \in \mathbf{R} \mid x < a\}$ とおく. S_a は a より小さい実数全体の集合である. すると, 集合族 $S_a (a \in \mathbf{R})$ が得られる. 添字集合

は $\mathbf{R}$, a は添字である．このとき，

$$\bigcap_{a\in\mathbf{R}} S_a = \{x \in \mathbf{R} \mid \forall a \in \mathbf{R}, x < a\} = \emptyset$$

である．定義から $\bigcap_{a\in\mathbf{R}} S_a \subseteq \mathbf{R}$ であるが，任意の $x \in \mathbf{R}$ について，特に $x \notin S_x$ なので，$x \notin \bigcap_{a\in\mathbf{R}} S_a$ である．したがって，$\bigcap_{a\in\mathbf{R}} S_a = \emptyset$ である．また，

$$\bigcup_{a\in\mathbf{R}} S_a = \{x \in \mathbf{R} \mid \exists a \in \mathbf{R}, x < a\} = \mathbf{R}$$

である．定義から $\bigcup_{a\in\mathbf{R}} S_a \subseteq \mathbf{R}$ であるが，任意の $x \in \mathbf{R}$ について，特に $x \in S_{x+1}$ なので，$x \in \bigcup_{a\in\mathbf{R}} S_a$ である．したがって，$\mathbf{R} \subseteq \bigcup_{a\in\mathbf{R}} S_a$ も成り立つ．

◆例題 3.36 $\mathbf{R}$ の部分集合族 $S_a(a \in A)$，ただし，

$$S_a := [0, a) = \{x \in \mathbf{R} \mid 0 \leq x < a\}, \quad A := (1, \infty) = \{a \in \mathbf{R} \mid 1 < a\},$$

について，$\bigcap_{a\in A} S_a = [0, 1]$ を証明せよ．

例題 3.36 の解答例． $[0, 1] \subseteq \bigcap_{a\in A} S_a$ と $\bigcap_{a\in A} S_a \subseteq [0, 1]$ を示せばよい．

$[0, 1] \subseteq \bigcap_{a\in A} S_a$：任意の $a \in A$ に対して，$1 < a$ だから，$[0, 1] \subseteq [0, a) = S_a$ が成り立つ．したがって，$[0, 1] \subseteq \bigcap_{a\in A} S_a$ である．

$\bigcap_{a\in A} S_a \subseteq [0, 1]$：$x \in \bigcap_{a\in A} S_a$ とする．任意の $a \in A$ に対して，$x \in S_a$ すなわち $0 \leq x < a$ が成り立つ．このとき $x \leq 1$ を背理法で示す．$x \leq 1$ でない，すなわち $1 < x$ と仮定する．その仮定の下で，1 と x の間にある実数 c, $1 < c < x$ をとる．たとえば，$c = \frac{1+x}{2}$ ととる．すると，$c \in A$ であり，$x \notin [0, c) = S_c$ である．したがって，$x \notin \bigcap_{a\in A} S_a$ となり，$x \in \bigcap_{a\in A} S_a$ という仮定に矛盾する．したがって，$x \leq 1$ である．よって，$x \in [0, 1]$ が成り立つ．したがって，$\bigcap_{a\in A} S_a \subseteq [0, 1]$ が成り立つ． ■

演習問題 3.37 $\bigcap_{\varepsilon>0}(-\varepsilon, 1+\varepsilon) = \{x \in \mathbf{R} \mid \forall \varepsilon > 0, x \in (-\varepsilon, 1+\varepsilon)\}$ について，等式

$$\bigcap_{\varepsilon>0}(-\varepsilon, 1+\varepsilon) = [0, 1]$$

を示せ．(ヒント：関連した命題 $\forall x \in \mathbf{R}, x \notin [0,1] \Longrightarrow x \notin \bigcap_{\varepsilon > 0}(-\varepsilon, 1+\varepsilon)$ を示すとよい．)
☞ 背理法 (2.21 節)．

演習問題 3.38 $\mathbf{R}$ の部分集合族 $T_a (a \in A)$，ただし，

$$T_a := (-a, 2a) = \{x \in \mathbf{R} \mid -a < x < 2a\}, \ A := (1, \infty) = \{a \in \mathbf{R} \mid 1 < a\}$$

について，$\bigcap_{a \in A} T_a = [-1, 2]$ が成り立つことを証明せよ．

演習問題 3.39 $B = [1, 2)$ とし，$b \in B$ に対し，$S_b = (0, b)$ とおくとき，$\bigcup_{b \in B} S_b = (0, 2)$ を示せ．

3.9 差集合と補集合

定義 3.40 S, T を集合とするとき，

$$S \setminus T := \{x \mid x \in S \text{ かつ } x \notin T\}$$

と定め，S と T の **差集合** (difference set) とよぶ．

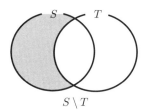

図 3.3 差集合

✔**注意 3.41** 命題 $x \in S$ を $P(x)$，命題 $x \in T$ を $Q(x)$ とおけば，

$$S \setminus T = \{x \mid P(x) \wedge \overline{Q(x)}\}$$

である．
☞ 否定命題 (2.9 節)．

◆**例 3.42** $\mathbf{R} \setminus \mathbf{Q}$ は無理数（有理数でないような実数）の全体の集合を表す．

◆**例 3.43**　$\mathbf{C} \setminus \mathbf{R}$ は虚数（実数でないような複素数）の全体の集合を表す．

✔**注意 3.44**　$S \setminus T$ は，$S - T$ と表す場合もある．ただし，$-$ は通常の数の演算のマイナスとは無関係である．

定義 3.45　集合 Ω が固定されていて，その部分集合だけに注目して議論していることが明確なとき，Ω の部分集合 $S \subseteq \Omega$ の（Ω における）**補集合** (complement) を
$$S^c := \Omega \setminus S = \{x \in \Omega \mid x \notin S\} = \{x \mid (x \in \Omega) \text{ かつ } (x \notin S)\}$$
により定める．

◆**例 3.46**　$\Omega = \mathbf{R}^2$ とする．
$$S = \{(x, y) \in \mathbf{R}^2 \mid x^2 + y^2 \leq 1\}$$
に対し，
$$S^c = \{(x, y) \in \mathbf{R}^2 \mid x^2 + y^2 > 1\}$$
である．

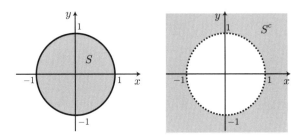

図 **3.4**　S は境界を含む．S^c は境界を含まない．

✔**注意 3.47**　集合 Ω の任意の部分集合 S に対して，$(S^c)^c = S$ が成り立つ．実際，$(S^c)^c = \{x \in \Omega \mid x \notin S^c\} = \{x \in \Omega \mid x \in S\} = S$ となる．

◆**例題 3.48**(ド・モルガン (De Morgan) の法則・集合版，その 1) ある集合 Ω の部分集合に関する補集合の等式

$$(S \cap T)^c = S^c \cup T^c$$

を示せ．

例題 3.48 の解答例． $x \in \Omega$ に対し，$x \in (S \cap T)^c \iff \overline{x \in S \cap T} \iff \overline{(x \in S) \text{ かつ } (x \in T)} \iff \overline{(x \in S)} \text{ または } \overline{(x \in T)} \iff x \notin S \text{ または } x \notin T \iff x \in S^c \text{ または } x \in T^c \iff x \in S^c \cup T^c$. ∎

別解． 命題 $x \in S$ を $P(x)$ とおき，命題 $x \in T$ を $Q(x)$ とおく．このとき，$x \in \Omega, \overline{P(x) \wedge Q(x)} \iff x \in \Omega, \overline{P(x)} \vee \overline{Q(x)}$ より，$(S \cap T)^c = \{x \in \Omega \mid \overline{P(x) \wedge Q(x)}\} = \{x \in \Omega \mid \overline{P(x)} \vee \overline{Q(x)}\} = \{x \in \Omega \mid \overline{P(x)}\} \cup \{x \in \Omega \mid \overline{Q(x)}\} = S^c \cup T^c$ が成り立つ． ∎

◆**例題 3.49**(ド・モルガンの法則・集合版，その 2) Ω の部分集合に関する補集合の等式

$$(S \cup T)^c = S^c \cap T^c$$

を示せ．

例題 3.49 の解答例． $x \in \Omega$ に対し，$x \in (S \cup T)^c \iff \overline{x \in S \cup T} \iff \overline{(x \in S) \text{ または } (x \in T)} \iff \overline{(x \in S)} \text{ かつ } \overline{(x \in T)} \iff x \notin S \text{ かつ } x \notin T \iff x \in S^c \text{ かつ } x \in T^c \iff x \in S^c \cap T^c$. ∎

別解 1． 命題 $x \in S$ を $P(x)$ とおき，命題 $x \in T$ を $Q(x)$ とおく．このとき，$x \in \Omega, \overline{P(x) \vee Q(x)} \iff x \in \Omega, \overline{P(x)} \wedge \overline{Q(x)}$ より，$(S \cup T)^c = S^c \cap T^c$ が成り立つ． ∎

別解 2． 例題 3.48 により，$S \cup T = (S^c)^c \cup (T^c)^c = (S^c \cap T^c)^c$ が成り立つので，$(S \cup T)^c = S^c \cap T^c$ が成り立つ． ∎

定理 3.50 (「ならば」と集合) Ω を集合とし，S, T を Ω の部分集合とする．$x \in \Omega$ について，「ならば」で定まる命題「x が S に属するならば，x が T に

属する」について，

$$\{x \in \Omega \mid (x \in S) \Rightarrow (x \in T)\} = (S \setminus T)^c$$

が成り立つ．

証明 命題 $P(x)$ を
$$P(x) : (x \in S) \Rightarrow (x \in T)$$
とおく．命題 $P(x)$ は，
$$\overline{x \in S} \vee (x \in T)$$
と同値である．したがって，否定命題 $\overline{P(x)}$ は
$$\overline{\overline{x \in S} \vee (x \in T)} \iff \overline{\overline{x \in S}} \wedge \overline{x \in T} \iff (x \in S) \wedge \overline{x \in T}$$
と同値変形される．したがって，
$$\{x \in \Omega \mid \overline{P(x)}\} = \{x \in \Omega \mid (x \in S) \wedge \overline{x \in T}\} = S \setminus T$$
となる．よって，
$$\{x \in \Omega \mid P(x)\} = (S \setminus T)^c$$
が成り立ち，定理 3.50 が証明される． ■

☞ 「ならば」の書き換え（定理 2.43）．「ならば」の否定（系 2.44）．

◆例題 3.51 $S_a (a \in A)$ を集合 Ω の部分集合族とする．
$$\left(\bigcup_{a \in A} S_a\right)^c = \bigcap_{a \in A} S_a^c$$
を示せ．

例題 3.51 の解答例． 包含関係 $\left(\bigcup_{a \in A} S_a\right)^c \subseteq \bigcap_{a \in A} S_a^c$ と $\bigcap_{a \in A} S_a^c \subseteq \left(\bigcup_{a \in A} S_a\right)^c$ を示せばよい．$\left(\bigcup_{a \in A} S_a\right)^c \subseteq \bigcap_{a \in A} S_a^c : x \in \left(\bigcup_{a \in A} S_a\right)^c$ と

する. $x \notin \bigcup_{a \in A} S_a$ である. 任意の $a \in A$ について, $x \notin S_a$ すなわち $x \in S_a^c$. したがって, $x \in \bigcap_{a \in A} S_a^c$ が成り立つ.

$\bigcap_{a \in A} S_a^c \subseteq \left(\bigcup_{a \in A} S_a\right)^c$: $x \in \bigcap_{a \in A} S_a^c$ とする. 任意の $a \in A$ について, $x \in S_a^c$ すなわち, $x \notin S_a$. このとき, $x \notin \bigcup_{a \in A} S_a$. よって, $x \in \left(\bigcup_{a \in A} S_a\right)^c$ が成り立つ.

以上のことから $\left(\bigcup_{a \in A} S_a\right)^c = \bigcap_{a \in A} S_a^c$ が示された. ∎

別解. $x \in \Omega$ について,

$$x \in \left(\bigcup_{a \in A} S_a\right)^c \iff x \notin \bigcup_{a \in A} S_a \iff \overline{\exists a \in A, x \in S_a} \iff \forall a \in A, x \notin S_a$$
$$\iff \forall a \in A, x \in S_a^c \iff x \in \bigcap_{a \in A} S_a^c.$$

∎

演習問題 3.52 S_a $(a \in A)$ を集合 Ω の部分集合族とする.

$$\left(\bigcap_{a \in A} S_a\right)^c = \bigcup_{a \in A} S_a^c$$

を示せ.

3.10 集合の直積

定義 3.53 S, T を集合とする. S の要素 s と T の要素 t の順序つきの組 (s, t) の全体集合を $S \times T$ とし, S と T の **直積** (direct product) とよぶ:

$$S \times T := \{(s, t) \mid s \in S \text{ かつ } t \in T\}.$$

◆例 3.54 2つの要素からなる集合 $S = \{s_1, s_2\}$ と $T = \{t_1, t_2\}$ の直積 $S \times T$ は4つの要素からなる集合である:

$$S \times T = \{(s_1, t_1), (s_1, t_2), (s_2, t_1), (s_2, t_2)\}.$$

◆例 3.55 実数の全体集合(数直線) $\mathbf{R}$ と $\mathbf{R}$ の直積 $\mathbf{R} \times \mathbf{R}$ は "数平面" であり, 記号 $\mathbf{R}^2$ で表される.

✔ **注意 3.56** $X \subseteq S, Y \subseteq T$ のとき，$X \times Y \subseteq S \times T$ が成り立つ．

◆**例題 3.57** 次の区間（閉区間，半開区間（2種類），開区間）

$$X = [0,1],\ Y = [0,1),\ Z = (0,1],\ W = (0,1)$$

について，$\mathbf{R}^2$ の次の部分集合を図示せよ．
(1) $X \times X$, (2) $X \times Y$, (3) $Y \times Z$, (4) $Z \times W$.

例題 3.57 の解答例． 下図の通り．ただし，破線部，白丸は含まない．

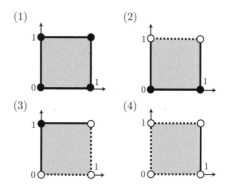

演習問題 3.58 例題 3.57 の区間について，$\mathbf{R}^2$ の次の部分集合を図示せよ．
(1) $W \times W$, (2) $W \times X$, (3) $Y \times Y$, (4) $X \times Z$.

✔ **注意 3.59** ある集合 S があったとき，その「コピー」をとって，もとの集合 S と併せて考えたいときがある．その場合は，「しるし」をつけて区別して扱うとよい．集合 S について，

$$S \times \{0,1\} = (S \times \{0\}) \sqcup (S \times \{1\})$$

を，気持ちを込めて，$S \sqcup S'$（S' は S のコピー）と表現できる．$S \times \{0\}$ をもとの S と見なし，$S \times \{1\}$ を S のコピー S' と見なしたわけである．

定義 3.60 集合 $S_1, S_2, \ldots, S_n$ に対し，直積 $S_1 \times S_2 \times \cdots \times S_n$ が順序つきの組の全体集合として定義される：
$$S_1 \times S_2 \times \cdots \times S_n := \{(s_1, s_2, \ldots, s_n) \mid s_i \in S_i \ (1 \leq i \leq n)\}.$$

✔ **注意 3.61** 条件 $s_i \in S_i \ (1 \leq i \leq n)$ は，言い換えれば，
$$s_1 \in S_1 \text{ かつ } s_2 \in S_2 \text{ かつ } \cdots \text{ かつ } s_n \in S_n$$
という条件，さらに言い換えれば
$$\forall i, (1 \leq i \leq n \Rightarrow s_i \in S_i)$$
という条件である．

◆**例 3.62**（n 次元デカルト (Descartes) 空間，n 次元数空間） $\mathbf{R}$ の n 個の直積 $\mathbf{R} \times \mathbf{R} \times \cdots \times \mathbf{R}$ （n 個）を $\mathbf{R}^n$ で表す．

上で説明したのは，添字集合が有限集合 $\{1, 2, \ldots, n\}$ の場合であるが，添字集合が一般の集合の場合も考えられる．集合族 $S_a (a \in A)$ に対し，直積 $\prod_{a \in A} S_a$ が，各 $a \in A$ について，S_a の要素 s_a をとって作った順序つき組 $(s_a)_{a \in A}$ の全体集合として定まる．すなわち，
$$\prod_{a \in A} S_a := \{(s_a)_{a \in A} \mid s_a \in S_a (a \in A)\}$$
である．

✔ **注意 3.63** 写像の言葉で言えば，順序つきの組とは，写像 $s : A \to \bigcup_{a \in A} S_a$ であって，$s(a) \in S_a$ であるものを指す．このとき，$s(a)$ を s_a と書いているわけである．

3.11 べき集合

任意に集合 Ω が与えられたとき，Ω の部分集合をすべて考え，Ω の部分集合の 1 つ 1 つを要素とする集合を作ることができる．Ω の部分集合の全体の集

合を Ω から作られる **べき集合** (power set) とよび，記号 2^Ω で表す[9]．

◆**例 3.64** Ω を 2 つの異なる要素 a, b からなる集合とする：$\Omega = \{a, b\}$．このとき，Ω の部分集合は $\emptyset, \{a\}, \{b\}, \Omega$ の 4 個なので，

$$2^\Omega = \{\emptyset, \{a\}, \{b\}, \Omega\}$$

である．

◆**例題 3.65** Ω を n 個の要素からなる集合とするとき，べき集合 2^Ω は 2^n 個の要素からなることを示せ．

例題 3.65 の解答例． 部分集合 $S \subseteq \Omega$ は，各要素 $x \in \Omega$ が S に属するか属さないか，という条件で決定される．それぞれの要素 x について，$x \in S$ か $x \notin S$ かの 2 通りであるから，場合の数は全部で 2^n 通りとなる．したがって，Ω の部分集合は全部で 2^n 個ある． ■

✔**注意 3.66**（**真理集合**）集合 Ω の要素 x について真偽が定まる命題の族 $P(x)$ が与えられたとする．このとき，Ω の部分集合

$$\{x \in \Omega \mid P(x) \text{ が真}\}$$

を $P(x)$ の **真理集合** (truth set) とよぶ[10]．こうして，Ω の要素 x について真偽が定まる命題の族に対して，Ω の部分集合が対応する．逆に，S の部分集合 $S \subseteq \Omega$ すなわち $S \in 2^\Omega$ が与えられたとき，命題の族 $P(x)$ が命題 $x \in S$ により定まる．つまり，$P(x)$ の真偽を条件

$$\text{任意の } x \in \Omega \text{ について, } P(x) \text{ が真} \iff x \in S$$

---

[9] 記号 2^Ω はあくまで抽象的な記号であって，数としての意味はないことに注意する．もちろん，この記号を採用しているには明確な理由がある．例題 3.65 を参照．

[10] この用語は高校の教科書に載っていて，意識するかどうかで数学に対する理解が違ってくる基本的な考え方である．ただし，筆者は実際の数学の研究上で，「真理集合」という用語を見たことがない．

により定めることができる.

命の族 $P(x)$ の真理集合 $S \in 2^\Omega$ から定まる命題の族はもとの $P(x)$ と同値であるし, $S \in 2^\Omega$ から定まる命題の族 $P(x)$ の真理集合はもとの S である.

このように,変数 x の動く範囲が Ω であるような命題の族 $P(x)$ の同値類と, Ω の部分集合には,完璧な対応関係がある.

3.12 同値関係

同値関係は,集合の要素を組分けするときに不可欠な概念である.同値関係は,現代数学を理解するキーポイントである.それを本当に使いこなせることは重要である.

S を集合とする.直積 $S \times S$ の部分集合 $R \subseteq S \times S$ を, S 上の **2項関係** (binary relation) とよぶ.

与えられた 2 項関係 R について, $(a_1, a_2) \in S \times S$ が R に属するときに限って, a_1 と a_2 が R に基づく関係がある,という意味である.このとき,記法として, $a_1 \sim_R a_2$ と表す.

✔**注意 3.67** 場合によっては, $\sim_R$ を単に $\sim$ と略記したり,いくつもの異なる関係を考察したいときは,区別のために,別の記号を使って $\approx$ と書いたり, $\equiv$ と書いたりする場合もある.使い勝手のために,比較的ルーズに記号を使う.ルーズに記号を使って混乱しないようにできることはよいことである.

◆**例 3.68** $R = \{(n_1, n_2) \in \mathbf{Z} \times \mathbf{Z} \mid n_2 = n_1 + 1\}$ とする. R は $\mathbf{Z}$ 上の関係である.このとき, $n_1 \sim_R n_2$ すなわち, $(n_1, n_2) \in R$ ということは, $n_2 = n_1 + 1$ つまり, n_2 は n_1 の次の整数,という関係にあるということである.

定義 3.69 集合 S 上の 2 項関係 $R \subseteq S \times S$ が **同値関係** (equivalence relation) であるとは,次の 3 条件がすべて成り立つときにいう:

(1) 任意の $a \in S$ について $(a, a) \in R$.
(2) $(a, b) \in R$ ならば $(b, a) \in R$.

(3) $((a,b) \in R$ かつ $(b,c) \in R)$ ならば $(a,c) \in R$.

同値関係の条件の言い換えは次の通りである：

(1) 任意の $a \in S$ について $a \sim_R a$.
(2) $a \sim_R b$ ならば $b \sim_R a$.
(3) $(a \sim_R b$ かつ $b \sim_R c)$ ならば $a \sim_R c$.

条件 (1) を **反射則**（反射律），条件 (2) を **対称則**（対称律），条件 (3) を **推移則**（推移律），とそれぞれよぶ．

R が同値関係で，$(a,b) \in R$ すなわち $a \sim_R b$ のとき，同値関係 R に関して，a と b は **同値である** (are equivalent) という．

同値関係の 3 条件を「同値である」という用語を使って書き換えると次のようになる：

(1) a と a は同値である．
(2) a と b が同値ならば b と a は同値である．
(3) a と b が同値であり，かつ，b と c が同値，ならば，a と c が同値である．

◆例 **3.70** 集合 S の要素が「等しい」という関係は，S 上の 2 項関係であり，同値関係となる．

◆例 **3.71** 命題が「同値である」，つまり，真偽が一致するという関係は，同値関係の 3 条件を満たす．また，集合が「等しい」，つまり，要素が一致するという関係は，同値関係の 3 条件を満たす．

◆例 **3.72** 例 3.68 の 2 項関係は同値関係でない．同値関係の定義の条件のうち，(3) は成り立っているものの，(1) も (2) も成り立たないからである．

3.12 同値関係

◆**例題 3.73** n を正の整数とし，整数の全体集合 $\mathbf{Z}$ 上の2項関係を
$$R = \{(k,\ell) \in \mathbf{Z} \times \mathbf{Z} \mid k-\ell \text{ は } n \text{ の倍数である}\}$$
$$= \{(k,\ell) \in \mathbf{Z} \times \mathbf{Z} \mid \exists u \in \mathbf{Z}, \; k-\ell = un\}$$
とする．このとき，R は $\mathbf{Z}$ 上の同値関係であることを示せ．

例題 3.73 の解答例． 次のように同値関係の3条件が確認できる．

条件 (1) の確認．$k-k = 0$ は n の倍数なので，$k \sim_R k$ である．

条件 (2) の確認．$k \sim_R \ell$ とする．すると，$k-\ell$ は n の倍数なので，$u \in \mathbf{Z}$ があって $k-\ell = un$ である．したがって，$\ell - k = (-u)n$ であり，$\ell \sim_R k$ となる．

条件 (3) の確認．$k \sim_R \ell$, $\ell \sim_R m$ とする．すると，$u, w \in \mathbf{Z}$ があって，$k-\ell = un$, $\ell - m = wn$ となる．すると，$k-m = (k-\ell) + (\ell - m) = un + wn = (u+w)n$ となり，$k \sim_R m$ となる． ∎

定義 3.74 例題 3.73 の同値関係を n を法とする合同関係とよび，$k \sim_R \ell$ のとき，つまり，$k - \ell$ が n の倍数のとき，
$$k \equiv \ell, \;\; \mathrm{mod.}\; n$$
と表し，k と ℓ は n を**法として合同** (congruent modulo n) という．

演習問題 3.75 $\mathbf{Z}$ 上の n を法とした同値関係（定義 3.74）について，次が成り立つことを示せ．
$$\forall m_1 \in \mathbf{Z}, \; \forall m_2 \in \mathbf{Z}, \; \forall \ell_1 \in \mathbf{Z}, \; \forall \ell_2 \in \mathbf{Z},$$
$$m_1 \equiv m_2, \mathrm{mod.}\; n \text{ かつ } \ell_1 \equiv \ell_2, \mathrm{mod.}\; n \Longrightarrow m_1 + \ell_1 \equiv m_2 + \ell_2, \mathrm{mod.}\; n.$$

演習問題 3.76 $\mathbf{Z}$ 上の n を法とした同値関係（定義 3.74）について，次が成り立つことを示せ．
$$\forall m_1 \in \mathbf{Z}, \; \forall m_2 \in \mathbf{Z}, \; \forall \ell_1 \in \mathbf{Z}, \; \forall \ell_2 \in \mathbf{Z},$$
$$m_1 \equiv m_2, \mathrm{mod.}\; n \text{ かつ } \ell_1 \equiv \ell_2, \mathrm{mod.}\; n \Longrightarrow m_1 \ell_1 \equiv m_2 \ell_2, \mathrm{mod.}\; n.$$

◆**例 3.77（誕生日）** 皆さんの誕生日はいつですか？ 通常，誕生日というと，何月何日，と答える．何年の何月何日，までは考えない．これは，誕生年にはこ

だわらずに，月日が同じ，という同値関係を考えて，その同値類を誕生日としているわけである．そうでないと，誕生日は1回だけ，ということになり，誕生日を毎年お祝いできなくなってさびしいだろう．（I 先生）

3.13 同値関係による組分け

集合 S 上に同値関係が1つ指定されれば，S の要素たちを"もれなく重複なく"組分けすることができる．「もれなく」「重複なく」という点がキーポイントである．

定義 3.78 S を集合とする．S 上の同値関係 R が1つ指定されたとする．部分集合 $E \subseteq S$ が R に関する **同値類** (equivalence class) であるとは，

$$(a \in E) \text{ ならば } (a \sim b \Leftrightarrow b \in E)$$

のときにいう．

任意の $a \in E$ に対し，a と同値な要素は E に属し，E に属している要素は a と同値である，という条件である．すなわち，同値類とは，ある要素と同値なものは集め，同値でないものは排除した，そのような集まりのことである．

集合 S 上の同値関係 R を設定し，$a \in S$ を与えると，a と同値な要素全体からなる同値類ができる．それを記号 $[a]_R$ あるいは，R を省略して，記号 $[a]$ で表し，a の同値類とよぶ：

$$[a]_R = [a] := \{b \in S \mid a \sim_R b\} = \{b \in S \mid b \sim_R a\}.$$

補題 3.79 S を集合とし，R を S 上の同値関係とする．$a, b \in S$ とする．このとき，$b \sim_R a$ ならば，$[b] = [a]$ が成り立つ．

証明 $b \sim_R a$ とする．このとき，まず，$[b] \subseteq [a]$ を示す．任意に $c \in [b]$ をとる．$c \sim_R b$ であり，$b \sim_R a$ なので，$c \sim_R a$ が成り立つ．よって，$c \in [a]$ である．したがって，$[b] \subseteq [a]$ が成り立つ．

$b \sim_R a$ なので，$a \sim_R b$ が成り立つ．したがって，上で示したように，$[a] \subseteq [b]$ が成り立つ．(a, b の立場を入れ換えた．)

$[b] \subseteq [a]$ かつ $[b] \supseteq [a]$ が成り立つので，$[b] = [a]$ が成り立つ．■

命題 3.80 S を集合とし，R を S 上の同値関係とする．このとき，S の任意の要素は，ある同値類に属する．また，異なる同値類の共通部分は空である：

$$S = \bigcup_{a \in S} [a] \text{ かつ}, \forall a \in S, \forall b \in S, ([a] \neq [b] \Rightarrow [a] \cap [b] = \emptyset)$$

が成り立つ．

証明 任意の $a \in S$ について，a は同値類 $[a]$ に属する．したがって，$S \subseteq \bigcup_{a \in S} [a]$ が成り立つ．$S \supseteq \bigcup_{a \in S} [a]$ は明らかである．

$a, b \in S$ について，$[a] \neq [b]$ とする．このとき，$[a] \cap [b] = \emptyset$ を示すために，$[a] \cap [b] \neq \emptyset$ と仮定する．$c \in [a] \cap [b]$ とする．すると，$a \sim_R c$ かつ $c \sim_R b$ が成り立つ．したがって，$a \sim_R b$ となり，$b \in [a]$ となる．すると，$[b] = [a]$ となり矛盾を生じる．したがって，$[a] \neq [b]$ ならば $[a] \cap [b] = \emptyset$ が成り立つ．■

定義 3.81 S を集合とし，R を S 上の同値関係とする．同値類の中の何でもよいが同値類に属する 1 つの要素を，その同値類の **代表元** (representative) とよぶ．

◢例 3.82 間接民主主義の社会（国家）では，選挙によって代議員を選び，代議員がその行政区分の有権者を代表して政治を行う．有権者の集合 S を考え，その上の同値関係 R を「同じ選挙区に属する」とすると，同値類は選挙区であり，代議員はその選挙区の代表元ということになる[11]．

◢例 3.83 n を正の整数として，$\mathbf{Z}$ 上の n を法とした同値関係（定義 3.74）を考える．このとき，整数の全体 $\mathbf{Z}$ は $[0], [1], [2], \ldots, [n-1]$ の n 組に分かれ

---

[11]実際の選挙の場合は，有権者の中で被選挙権のある人だけが代議員になることができる．(R 博士)

る．たとえば，同値類 $[0]$ の代表元としては，0 もとれるし，n でもよいし，$2n$ でもよいし，$-n$ でもよい．

◆**例題 3.84** $\mathbf{R}$ 上の 2 項関係 $\sim$ を任意の $x_1, x_2 \in \mathbf{R}$ について $x_1 \sim x_2 \Leftrightarrow (\exists n \in \mathbf{Z} : x_1 - x_2 = 2\pi n)$ で定める．ただし，π は円周率とする．このとき，

(1) $\pi \sim 5\pi$ であることを示せ．
(2) 2 項関係 $\sim$ が同値関係であることを示せ．
(3) 同値類の代表元を $[0, 2\pi)$ から選ぶことができることを示せ．

例題 3.84 の解答例． (1) $\pi - 5\pi = -4\pi = 2\pi(-2)$ より，$\pi \sim 5\pi$ が成り立つ．
(2) 任意の $x \in \mathbf{R}$ について，$x - x = 0 = 2\pi \cdot 0$ より，$x \sim x$ が成り立つ．$x_1 \sim x_2$ とする．$\exists n \in \mathbf{Z}, x_1 - x_2 = 2\pi n$ が成り立つ．このとき，$x_2 - x_1 = -(x_1 - x_2) = 2\pi(-n)$．$-n \in \mathbf{Z}$ だから，$x_2 \sim x_1$ が成り立つ．$x_1 \sim x_2, x_2 \sim x_3$ とする．$\exists n, m \in \mathbf{Z}, x_1 - x_2 = 2\pi n, x_2 - x_3 = 2\pi m$ が成り立つ．このとき，$x_1 - x_3 = (x_1 - x_2) + (x_2 - x_3) = 2\pi(n + m)$．$n + m \in \mathbf{Z}$ だから，$x_1 \sim x_3$ が成り立つ．
(3) 任意の $x \in \mathbf{R}$ について，x の同値類 $[x]$ を考える．$n \in \mathbf{Z}$ が存在して，$2\pi n \leq x < 2\pi(n+1)$ が成り立つ．このとき，$y = x - 2\pi n$ とおくと，$y \in [0, 2\pi)$ であって，$x - y = 2\pi n$ となるから，$x \sim y$．したがって，$[x] = [y]$ となり，$[x]$ の代表元として，$[0, 2\pi)$ の要素 y を選ぶことができる． ∎

演習問題 3.85 $X = \mathbf{R}^2 - \{(0,0)\}$ とする．$(a, b), (a', b') \in X$ に対し，

$$(a, b) \approx (a', b') \overset{\text{def}}{\iff} \exists t \, (t \in \mathbf{R}, t \neq 0), \, a' = ta, b' = tb$$

により定義される 2 項関係を考える．

(1) この関係が同値関係であることを示せ．
(2) 任意の $(a, b) \in X$ に対し，$(c, d) \in X$ があって，$(a, b) \approx (c, d)$ かつ，$c^2 + d^2 = 1$ となることを示せ．
(3) $S^1 = \{(x, y) \in X \mid x^2 + y^2 = 1\}$ とおくとき，任意の $(c, d), (c', d') \in S^1$ に

ついて，
$$(c,d) \approx (c',d') \iff (c',d') = (\pm c, \pm d) \quad \text{(複号同順)}$$
を示せ．

3.14 商集合

集合 S 上の同値関係 $R \subseteq S \times S$ が与えられたとき，同値類の全体集合を S の R に関する **商集合** (quotient set)，あるいは **剰余集合** (residual set) とよび，S/R と表す[12]．この"割り算"の記号では，分子が集合で，分母が同値関係である．商をとっている気分がよく出ている記号である．同値関係 R を記号 $\sim_R$ で表すときは，同値類の全体集合を S の $\sim_R$ に関する商集合（あるいは剰余集合）とよび，商集合を $S/\sim_R$ という記号でも表す．分子が集合で，分母が同値関係の記号である．$\sim_R$ を単に $\sim$ で略記するときも同様により，商集合を $S/\sim$ と表す．

◆例 3.86 n を正の整数とする．例題 3.73 で導入した n を法とする合同関係に関する $\mathbf{Z}$ の商集合 $\mathbf{Z}/\equiv$ を記号 $\mathbf{Z}/n\mathbf{Z}$ で表す．$\mathbf{Z}/n\mathbf{Z}$ は n 個の要素からなる集合である．演習問題 3.75 と演習問題 3.76 により，加法と乗法が自然に定義される代数系を形成する（いわゆる環構造をもつ）．

◆例 3.87 V をベクトル空間，K を V の部分ベクトル空間とする．このとき，V 上の同値関係が，
$$u \sim v \stackrel{\text{def.}}{\iff} u - v \in K$$
により定まる．商集合 V/K にはベクトル空間の構造が自然に定義される．V/K を V の K による商ベクトル空間とよぶ．

---

[12]「掛け算まではわかるが割り算は苦手」「分数はわからない」ということを何度か聞いたことがある．それは半ば冗談めいた発言であるが，真に受けて考えると，掛け算から割り算に進むときに，ある程度のレベルの抽象化を必要とするからだと考えられる．もちろんこれは，日常生活のレベルの話であって，本書のレベルで言うと，「直積集合はわかるが商集合はさっぱりわからない」ということに該当するのかもしれない．この比喩は少し無理があるかもしれないが，ともかく，商集合を理解するには，かなりの抽象能力が要るのだ．(R 博士)

3.15 順序集合

同値関係の他の重要な 2 項関係に,「大小の関係」すなわち順序関係がある.

定義 3.88（順序関係） 集合 S 上の 2 項関係 $R \subseteq S \times S$ が S 上の **順序関係** (order relation) あるいは, 単に **順序** (order) であるとは, 次の条件がすべて成り立つときにいう:

(1) 任意の $a \in S$ について, $(a,a) \in R$.
(2) $((a,b) \in R$ かつ $(b,a) \in R)$ ならば $a = b$.
(3) $((a,b) \in R$ かつ $(b,c) \in R)$ ならば $(a,c) \in R$.

条件 (1) を反射律, (2) を反対称律, (3) を推移律とよぶ.

$(a,b) \in R$ のとき, 記号 $a \leq_R b$ で表す. 順序関係が指定されたとき, 単に $a \leq b$ と書く場合もある[13]. この記号を使うと, 定義 3.88 の条件は,

(1) 任意の $a \in S$ について, $a \leq_R a$.
(2) $a \leq_R b$ かつ $b \leq_R a$ ならば $a = b$.
(3) $a \leq_R b$ かつ $b \leq_R c$ ならば $a \leq_R c$.

と表される. 順序関係が指定された集合を **順序集合** (ordered set) とよぶ.

◆例 3.89 実数の全体集合 $\mathbf{R}$ 上の通常の順序 $\leq$ は, $\mathbf{R}$ 上の順序関係である. しかし, 等号を除いた順序 $<$ は, 上の意味で順序関係にならない. 実際, $<$ については, 条件 (2)(3) は満たされる.（条件 (2) は, 前提を満たす組 a,b が存在しないので成り立つ.）しかし, 条件 (1) が満たされない.

$\mathbf{R}$ 上の $\leq$ とは逆の向きの順序 $\geq$ も順序の条件 (1)(2)(3) を満たす. ただし, この場合に, 記号 $\leq_R$ を使うと絶対に紛らわしいから, $a \geq b$ を $a \leq_R b$ と書くのは避ける.

---

[13] 状況に応じて別の適切な記号を使う場合も多い.

3.15 順序集合

✔ **注意 3.90** 集合 S 上の順序関係 $R \subseteq S \times S$ が与えられたとする．このとき，各部分集合 $T \subseteq S$ には，順序を T に制限して考えて，順序関係 $R \cap (T \times T) \subseteq T \times T$ が導かれる．たとえば，$\mathbf{R}$ の部分集合 $\mathbf{N} \subseteq \mathbf{Z} \subseteq \mathbf{Q} \subseteq \mathbf{R}$ にそれぞれ制限したところでも順序関係となる．

✔ **注意 3.91** 命題の関係 $P \Rightarrow Q$ について，等号 "$P = Q$" を命題の同値 $P \Leftrightarrow Q$ の意味であると見なすと，$\Rightarrow$ は順序関係の条件 (1)(2)(3) を満たす．

✔ **注意 3.92** 集合の包含関係 $T \subseteq S$ は，順序関係の条件 (1)(2)(3) を満たす．したがって，べき集合 2^{Ω} は包含関係について，順序集合になる．
☞ べき集合（3.11 節）．

定義 3.93 S を順序集合とし，$\leq$ を S 上の順序とする．$A \subseteq S$ を部分集合とする．

このとき，S の元 $a \in S$ が A の **最大要素**（最大元，maximum）であるとは，

$$a \in A \quad \text{かつ} \quad 任意の\ x \in A\ に対し\ x \leq a$$

が成り立つときにいう．つまり，A の最大要素とは，A の元のうちで順序 $\leq$ に関して最大の元のことである．

また，S の元 $b \in S$ が A の **最小要素**（最小元，minimum）であるとは，

$$b \in A \quad \text{かつ} \quad 任意の\ x \in A\ に対し\ b \leq x$$

が成り立つときにいう．つまり，A の最小要素とは，A の元のうちで順序 $\leq$ に関して最小の元のことである．
☞ 最大数，最小数（3.18 節）．

定義 3.94（**全順序集合**） 集合 S 上の順序関係 $R \subseteq S \times S$ が **全順序関係**（total order relation）あるいは **全順序**（total order）であるとは，順序の条件 (1)(2)(3) と，さらに条件

(4) 任意の $a, b \in S$ について，$(a, b) \in R$ または $(b, a) \in R$,

が満たされるときにいう．

全順序関係が指定された集合を **全順序集合** (totally ordered set) とよぶ．

✔ **注意 3.95** 全順序集合は，「任意の 2 元からなる部分集合に最小要素が存在する」という性質で特徴づけられる．

◆**例 3.96** **R** は順序 $\leq$ について全順序集合である．実際，任意の実数 a, b について，$a \leq b$ または $b \leq a$ が成り立つ．したがって，**N** も **Z** も **Q** も $\leq$ について全順序集合である[14]．

◆**例 3.97** べき集合 2^Ω は，Ω が 2 個以上の要素からなるとき，包含関係について全順序集合ではない．実際，$a, b \in \Omega$ を相異なる要素とすると，$\{a\} \in 2^\Omega$ と $\{b\} \in 2^\Omega$ に包含関係はない．

3.16 整列集合

定義 3.98 順序集合が **整列集合** (well-ordered set) であるとは，任意の空でない部分集合に（その部分集合に属する）最小要素が存在するときにいう[15]．

◆**例 3.99** 全順序集合が有限集合であれば，整列集合である．実際，任意の空でない部分集合には，やはり全順序がついているから，任意の 2 つの元の大小が比較でき，最小要素の存在がわかる．

◆**例 3.100** 自然数の全体集合 **N** は整列集合である．整数の全体集合 **Z** は整列集合でない．実際，**Z** 自体に最小要素（最小数）は存在しないからである．同様に，有理数の全体集合 **Q** や実数の全体集合 **R** も整列集合でない．非負有

---

[14] もちろん，$\geq$ について全順序集合である，とも言える．

[15] 最小要素は，定義により，その部分集合に属する．カッコ内のただし書きは，念のため書いているに過ぎない．

理数の全体集合 $\mathbf{Q}_{\geq 0}$ や非負実数の全体集合 $\mathbf{R}_{\geq 0}$ も整列集合でない．その空でない部分集合 $\mathbf{Q}_{>0}$（正の有理数の全体）や $\mathbf{R}_{>0}$（正の実数の全体）に最小要素，すなわち，最小数が存在しないからである．

整列集合は必ず全順序集合になる．実際，集合 S がある順序 $\leq$ に関して整列集合であるとする．任意に 2 つの要素 $a, b \in S$ をとれば，空でない部分集合 $\{a, b\} \subseteq S$ ができ，S が整列集合だから，$\{a, b\}$ に最小要素があるはずであり，最小要素が a なら $a \leq b$ であるし，最小要素が b なら $b \leq a$ となるからである．

◆例 3.101　自然数の全体集合 $\mathbf{N}$ の直積集合 $\mathbf{N} \times \mathbf{N}$ の部分集合
$$S = \{(m, n) \in \mathbf{N} \times \mathbf{N} \mid m = 0 \text{ または } m = 1\}$$
を考える．
$$S_0 = \{(0, n) \mid n \in \mathbf{N}\}, \quad S_1 = \{(1, n) \mid n \in \mathbf{N}\}$$
とおけば，
$$S = S_0 \sqcup S_1 \quad \text{（非交差和集合）}$$
となる．S 上の順序を
$$(m, n) \leq (m', n') \iff m < m' \text{ または } (m = m' \text{ かつ } n \leq n')$$
で定める．S 上の順序を制限すると，S_0, S_1 はそれぞれ $\mathbf{N}$ と順序を保った全単射があるような S の部分集合となる．したがって，S_0, S_1 はともに整列集合である．また，$(0, n) \in S_0, (1, n') \in S_1$ について，常に，$(0, n) < (1, n')$ である．

◆例題 3.102　例 3.101 で与えた順序集合 S について，S は整列集合であることを示せ．

例題 3.102 の解答例．$A \subseteq S$ を空でない部分集合とする．$A \cap S_0 \neq \emptyset$ または $A \cap S_1 \neq \emptyset$ である．$A \cap S_0 \neq \emptyset$ のときは，$A \cap S_0$ は整列集合 S_0 の空でない部分集合であるから，最小要素が存在する．これは A の最小要素である．ま

た，$A \cap S_0 = \emptyset$ のときは，A は S_1 の空でない部分集合であり，S_1 は整列集合であるから，A の最小要素が存在する．したがって，S は整列集合である． ∎

演習問題 3.103 $\mathbf{N} \times \mathbf{N}$ 上の順序を

$$(m,n) \leq (m',n') \iff m < m' \text{ または } (m = m' \text{ かつ } n \leq n')$$

で定める．このとき，$\mathbf{N} \times \mathbf{N}$ は整列集合であることを示せ．

3.17 数学的帰納法

数学的帰納法は，自然数を変数にもつ命題 $P(n)$ が真であること（成り立つこと）を証明する方法である．簡単のため，$n = 0$ から始まる場合を扱う．本書では，自然数に 0 も含めていて，$\mathbf{N} = \{0, 1, 2, \ldots\}$ としていることに注意する．

定理 3.104 命題 $P(n), n \geq 0$ について，

> $P(0)$ が成り立ち，かつ
> 任意の自然数 $k \geq 0$ について，$P(k)$ を仮定すると $P(k+1)$ が成り立つ，
> ならば $P(n)\,(n \geq 0)$ が成り立つ．

つまり，命題 Q を

$$Q: \forall k(k \in \mathbf{N}), (P(k) \Rightarrow P(k+1))$$

で定めるとき，命題

$$(P(0) \land Q) \implies (\forall n(n \in \mathbf{N}), P(n))$$

が真である．

証明 $P(0)$ が成り立ち，かつ Q が成り立つと仮定する．その仮定の下で，$\mathbf{N}$ の部分集合

$$S = \{n \in \mathbf{N} \mid P(n) \text{ が成り立たない}\}$$

を考えてみる．$S \neq \emptyset$（つまり，$P(n)$ が成り立たない n が存在する）と仮定して矛盾を導こう．

$S \neq \emptyset$ とし，S の最小値を m とする．$m \in S$ だから，$P(m)$ は成り立たない．$P(0)$ は成り立つから，$m \neq 0$ である．そこで $k = m - 1$ を考える．m は S の最小値だから，$P(k)$ は成り立つはずである．しかし $P(k+1) = P(m)$ は成り立たない．これは，Q が成り立つことと矛盾する．したがって，背理法により，「$P(0)$ が成り立ち，かつ Q が成り立つ」という仮定の下で，$S = \emptyset$ が成り立つ．つまり，任意の $n \geq 0$ について，$P(n)$ が成り立つ． ∎

✔**注意 3.105** 上では，$n = 0$ から始まる場合を扱っているが，$n = 1$ から始める場合，$n = 2$ から始める場合なども同様の方法で証明できる．たとえば，任意の自然数 $n \geq 1$ に対して $P(n)$ が成り立つことを示すには，「$P(1)$ が成り立ち，かつ，任意の自然数 $k \geq 1$ について，$P(k)$ を仮定すると $P(k+1)$ が成り立つ」ことを示せばよい．

◆**例題 3.106** 任意の $n \in \mathbf{N}, n \geq 1$ について，命題
$$P(n) : 1 + 2 + \cdots + n = \frac{n(n+1)}{2}$$
が成り立つことを数学的帰納法で証明せよ．

例題 3.106 の解答例． $n = 1$ のとき，両辺は 1 だから，$P(1)$ が成り立つ．$n = k$ のとき $P(k)$ が成り立つと仮定する．このとき，
$$1 + 2 + \cdots + k + (k+1) = \frac{k(k+1)}{2} + k + 1 = \frac{(k+1)(k+2)}{2}$$
となり，$P(k+1)$ も成り立つ．したがって，数学的帰納法により，任意の $n \in \mathbf{N}, n \geq 1$ について，命題 $P(n)$ が成り立つ． ∎

演習問題 3.107 (1) 等式
$$Q(n) : 1^2 + 2^2 + \cdots + n^2 = \frac{n(n+1)(2n+1)}{6}$$

を数学的帰納法により証明せよ.
(2) 等式
$$R(n) : 1^3 + 2^3 + \cdots + n^3 = \frac{n^2(n+1)^2}{4}$$
を数学的帰納法により証明せよ.

3.18 最大数，最小数

特に重要な，実数の順序構造について調べよう．

定義 3.108 S を実数からなる空ではない集合とする：$S \subseteq \mathbf{R}, S \neq \emptyset$. M, m を実数とする．このとき，M が S の **最大数** [16](maximum) とは，$M \in S$ かつ $\forall x \in S, x \leq M$ が成り立つときにいう．つまり，S の中で M が一番大きな値である．

$$M = \max S$$

と表す.

また，m が S の **最小数** [17](minimum) とは，$m \in S$ かつ $\forall x \in S, m \leq x$ が成り立つときにいう．つまり，S の中で m が一番小さな値である．

$$m = \min S$$

と表す.

✔**注意 3.109** 最大数や最小数は存在すればただ 1 つである．実際，m, m' をともに S の最小数であるとすると，$m, m' \in S$ であり，m が S の最小数だから，$m \leq m'$ であり，m' が S の最小数だから，$m' \leq m$ となる．したがって，$m = m'$ が成り立つ．最大数の一意性についても同様である．

◆**例 3.110** 空でない有限集合 $S = \{a_1, a_2, \ldots, a_n\} \subseteq \mathbf{R}$ には，最大数

$$\max\{a_1, a_2, \ldots, a_n\}$$

---
[16] 最大要素，最大元，最大値ともよぶ．
[17] 最小要素，最小元，最小値ともよぶ．

と最小数
$$\min\{a_1, a_2, \ldots, a_n\}$$
が存在する.

◆**例 3.111** **R** の閉区間 $S = [a,b]$ について, a は S の最小数, b は S の最大数である.

半開区間 $S = [a,b)$ については, a は S の最小数だが, b は S の最大数でない. なぜなら, $b \notin S$ だからである. 実際, $S = [a,b)$ に最大数は存在しない. $S = (a,b]$ については, b は S の最大数だが, a は S の最小数でない. 実際, $S = (a,b]$ に最小数は存在しない.

開区間 $S = (a,b)$ については, a は S の最小数でなく, b は S の最大数でない. 実際, $S = (a,b)$ に最大数も最小数も存在しない.

◆**例題 3.112** 半開区間 $S = (0,1]$ に最小数が存在しないことを示せ.

例題 3.112 の解答例. $(0,1]$ に最小数 m が存在すると仮定する. つまり, $0 < m \leq 1$ であり, 任意の x, $0 < x \leq 1$ に対して, $m \leq x$ であると仮定する. $x = \frac{m}{2}$ とおくと, $0 < x \leq 1$ であり, $x < m$ となる. これは矛盾である. したがって, $(0,1]$ に最小数は存在しない. ■

◆**例題 3.113** $S = \{\frac{1}{n} \mid n \in \mathbf{N}, n > 0\} \subseteq \mathbf{R}$ の最大数は 1 だが, 最小数は存在しないことを示せ.

例題 3.113 の解答例. $1 \in S$ であり, $\frac{1}{n} \leq 1$ であるから, 1 は S の最大数である. S の最小数 m が存在すると仮定し, $m = \frac{1}{k}$, $k \in \mathbf{N}, k > 0$ とおく. $x = \frac{1}{k+1}$ とおくと, $x \in S$ で, かつ, $x < m$ となるので, m が S の最小数であることに矛盾する. したがって, S に最小数は存在しない. ■

演習問題 3.114 $T = \{-\frac{1}{x} \mid x \in \mathbf{R}, x \geq 1\}$ の最小数が -1 であり, 最大数が存在しないことを示せ.

◆**例 3.115（絶対値）** $a \in \mathbf{R}$ に対し，$|a| := \max\{-a, a\}$ とおき，a の**絶対値**(absolute value) とよぶ．次のような絶対値の入った式変形を微分積分学で多用する．

$$\begin{aligned}
|x-a| < \delta &\iff -(x-a) < \delta \text{ かつ } x-a < \delta \\
&\iff -\delta < x-a \text{ かつ } x-a < \delta \\
&\iff -\delta < x-a < \delta \\
&\iff a-\delta < x < a+\delta.
\end{aligned}$$

$$\begin{aligned}
|x-a| \leq \delta &\iff -(x-a) \leq \delta \text{ かつ } x-a \leq \delta \\
&\iff -\delta \leq x-a \text{ かつ } x-a \leq \delta \\
&\iff -\delta \leq x-a \leq \delta \\
&\iff a-\delta \leq x \leq a+\delta.
\end{aligned}$$

☞ 演習問題 2.86．ε-δ 論法（2.23 節）．

3.19 実数の連続性（完備性），上限，下限

実数からなる集合 $S \subseteq \mathbf{R}$ について，集合

$$\{u \in \mathbf{R} \mid \forall s \in S, s \leq u\}$$

を S の **上界** (upper bound) とよぶ．S の上界が空集合でないとき，S は **上に有界である** (upper bounded) という．

また，集合

$$\{\ell \in \mathbf{R} \mid \forall s \in S, \ell \leq s\}$$

を S の **下界**（かかい，lower bound）とよび，S の下界が空集合でないとき，S は **下に有界である** (lower bounded) という．

集合 $S \subseteq \mathbf{R}$ が上に有界かつ下に有界であるとき，S は **有界である** (bounded) という．

◆**例 3.116** 任意に実数 b を決めたとき，区間 $(-\infty, b) = \{x \in \mathbf{R} \mid x < b\}$ や $(-\infty, b] = \{x \in \mathbf{R} \mid x \leq b\}$ は，上に有界である．任意に実数 a を決めた

とき，$(a, \infty) = \{x \in \mathbf{R} \mid a < x\}$ や $[a, \infty) = \{x \in \mathbf{R} \mid a \leq x\}$ は，下に有界である．任意に実数 a, b を決めたとき，区間 $[a, b], [a, b), (a, b], (a, b)$ は上に有界かつ下に有界である．

定理 3.117 S を実数からなる集合とし，空集合でないとする：$S \subseteq \mathbf{R}, S \neq \emptyset$．このとき，

(1) S が上に有界のとき，S の上界に最小数が存在する．
(2) S が下に有界のとき，S の下界に最大数が存在する．
(3) S が有界のとき，S の上界に最小数が存在し，S の下界に最大数が存在する．

定理 3.117 は，実数の連続性（あるいは完備性）とよばれる．同値な命題として「上に有界な単調増加数列は収束する」「下に有界な単調減少数列は収束する」などがあり，微分積分学の基礎となっている．実数を具体的に構成すれば，定理 3.117 を証明することもできる．

☞ 実数の構成（4.16 節，定理 4.80）．

定義 3.118 $S \subseteq \mathbf{R}, S \neq \emptyset$ の上界の最小数を S の **上限** (supremum) とよぶ：

$$\text{上限} = \text{上界の最小数}.$$

すなわち，集合 S に属するか属さないかにかかわらず，S の各要素と比べて上位にあるもののうち最下位のものを S の上限というわけである．S の上限を記号

$$\sup(S)$$

で表す．S が上に有界でないとき，つまり，S の上界が空集合のとき，$\sup(S) = +\infty$ あるいは $\sup(S) = \infty$ と表すのが通例である．

また，$S \subseteq \mathbf{R}, S \neq \emptyset$ の下界の最大数を S の **下限** （かげん，infimum）とよぶ：

$$\text{下限} = \text{下界の最大数}.$$

すなわち，集合 S に属するか属さないかにかかわらず，S の各要素と比べて下位にあるもののうち最上位のものを S の下限というわけである．S の下限を

$$\inf(S)$$

と表す．S が下に有界でないとき，つまり，S の下界が空集合のとき，$\inf(S) = -\infty$ と表すのが通例である．

◆**例 3.119**（**数列の上限，下限**） 数列 $(a_n)_{n=1}^{\infty}$ の上限は次のように定まる[18]．自然数 N に対して，

$$b_N = \max\{a_n \mid n \leq N\}$$

とおくと，数列 $(b_N)_{N=1}^{\infty}$ が定まる．数列 $(b_N)_{N=1}^{\infty}$ は広義単調増加であり，$(a_n)_{n=1}^{\infty}$ が上に有界であるとすると，その極限値が定まる．それが $(a_n)_{n=1}^{\infty}$ の上限である：

$$\sup(a_n) = \lim_{N\to\infty} \max\{a_n \mid n \leq N\}$$

が成り立つ．数列 $(a_n)_{n=1}^{\infty}$ が上に有界でないときは，上限は存在しないが，

$$\sup(a_n) = +\infty$$

と表す．また，数列 $(a_n)_{n=1}^{\infty}$ の下限は次のように定まる．自然数 N に対して，

$$c_N = \min\{a_n \mid n \leq N\}$$

とおくと，数列 $(c_N)_{N=1}^{\infty}$ が定まる．数列 $(c_N)_{N=1}^{\infty}$ は広義単調減少であり，$(a_n)_{n=1}^{\infty}$ が下に有界であるとすると，その極限値が定まる．それが $(a_n)_{n=1}^{\infty}$ の下限である：

$$\inf(a_n) = \lim_{N\to\infty} \min\{a_n \mid n \leq N\}$$

が成り立つ．数列 $(a_n)_{n=1}^{\infty}$ が下に有界でないときは，下限は存在しないが，

$$\inf\{a_n\} = -\infty$$

[18] 数列の記号を慣習上 (a_n) ではなく，$\{a_n\}$ で表す場合も多い．

と表す.

記号は単純な方が便利なので,上の正確な記述を,簡単に

$$\sup a_n = \lim_{N \to \infty} \max_{n \leq N} a_n, \quad \inf a_n = \lim_{N \to \infty} \min_{n \leq N} a_n$$

あるいは,

$$\sup a_n = \overline{\lim_{n \to \infty}} a_n \text{ （上極限）}, \quad \inf a_n = \underline{\lim_{n \to \infty}} a_n \text{ （下極限）}$$

と表す場合も多い.

◆**例題 3.120** $a_n = \frac{1}{n}$ について,上限は 1 で,下限は 0 であることを示せ.

例題 3.120 の解答例. $\max\{\frac{1}{n} \mid n \leq N\} = 1$ で,$\min\{\frac{1}{n} \mid n \leq N\} = \frac{1}{N}$ なので,

$$\sup(a_n) = \lim_{N \to \infty} \max\{\frac{1}{n} \mid n \leq N\} = \lim_{N \to \infty} 1 = 1,$$

$$\inf(a_n) = \lim_{N \to \infty} \min\{\frac{1}{n} \mid n \leq N\} = \lim_{N \to \infty} \frac{1}{N} = 0$$

である. ■

3.20 ラッセルのパラドックス

次のような"集合"を考えてみよう.

$$S := \{X \mid X \text{ は } X \notin X \text{ を満たす集合である }\}.$$

いま,$S \in S$ とすると,S の定義から,$S \notin S$ を満たすはずである.また,$S \notin S$ とすると,S の定義の条件を満たすから,$S \in S$ となるなずである.したがって,S が集合であるとすると矛盾を生じる.この種のパラドックスは,**ラッセルのパラドックス** (Russell's paradox) とよばれる.

このように,あまり大きな集まりを扱うことには注意が必要である.このようなパラドックスを克服する努力がなされている.詳しくは,参考文献 [5] を参考にするとよい.

余談 論理と倫理

I先生：今日は，数学における論理と倫理のスキルについてお話ししたい．ハンドルが論理，ブレーキが倫理．ハンドルがない車は運転できない．ブレーキがない車も運転できない．ハンドルはなめらかに回らないといけない．この講義では，その論理のトレーニングをする．倫理も忘れてはならない．軽視されがちだが，研究倫理のトレーニングも必要だ．愛にも技術が要る．倫理にもスキルが要るのだ．ハンドルには遊びが必要だし，ブレーキも感度がよすぎれば，かえって事故を招く...

R君：研究倫理って何ですか．

I先生：研究をするときの心がけだね．基本的には，先人や競争相手の見識を尊重する，そして尊敬する，ということだから簡単と言えば簡単なことだ．でも，なかなか難しい．研究や競争に夢中になるとそのことを忘れがちになる．われわれが使う論理は，時代に依らず，すでに確立していると言えるが，倫理については，社会や時代とともに変化する部分もあるから，その意味で難しいテーマになる．実は私もよくわからない．だから，この講義では，主に数学の研究に必要な「論理」とその応用として「集合」の話をしたい．

N君：論理とか集合とかも難しいです．そんな高尚な話は大学院の授業でお願いします．

I先生：いやいや，論理と集合をまず知らないと，本当の数学はできないよ．「えせ数学」とか，「数学もどき」ならできるかもしれないけどね...　そして，論理と集合を知った上で数学をやっていくうちに，論理と集合のスキルも徐々に身についていくんだよ．

一同：....

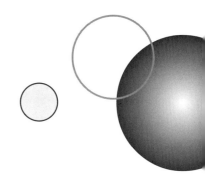

第4章

関数と写像

・・・写像がわかれば数学がわかる．

数学の基本は，論理に基づく集合の考え方と関数・写像の考え方である．第2章で論理について説明し，第3章で論理に基づいて集合について説明した．集合を使いこなすためには，関数・写像に慣れることが不可欠である．そこで，本章では，関数・写像の考え方と，それらに関する要注意事項を精選して説明する．

4.1 関数

関数とは何か．関数を英語では function（ファンクション）という．この単語には「機能」や「作用」といった意味がある．数学的には，関数とは，指定された範囲にある数 x を決めたら，数 $y = f(x)$ が一通りに定まる「規則」のことである．x は $\mathbf{R}$ の範囲（部分集合）を動き，y も $\mathbf{R}$ のある範囲を動くとする．

規則は，はっきり客観的に定められていなければならない．あいまいであってはならない．たとえば，「x が好きな数のときは $f(x) = 1$，嫌いな数のときは $f(x) = 0$」という決め方では十人十色で客観的でないから関数になっていない．

皆さんがよく知っているサイン関数 $y = \sin x$ は図形を通して定まる規則に

よって定義されているし，指数関数 $y = e^x$ にも明確な定義がある[1].

関数は俗にいう「式」で表現されることが多い．ただし，1 つの式で表されるとは限らない．場合分けで与えられていることがある．たとえば，

$$f(x) = \begin{cases} 0 & (x < 0), \\ x^2 & (0 \leq x) \end{cases}$$

も立派な関数である．関数という考え方を意識しなければいけないのは，むしろこのように関数を簡潔に表現できない状況のときである．そういう場合はグラフを描いて様子を見るとよい．

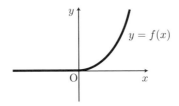

図 4.1 グラフは xy 平面上に点 $(x, f(x))$ たちが描く軌跡

✔ **注意 4.1** 「関数」のことを「函数」と書く人もいる．「規則」を，データを入力したら結果を出力する「箱 = 函」と見立てれば納得がいく．

関数を「装置」に見立てて，x を「入力」(input)，y を「出力」(output) と捉えることもできる．

$y = f(x)$ を関数とする．x を決めたら，x に応じて y が規則によりただ 1 つ定まっている．$x = a$ のとき，$f(a)$ を関数 f の a における **値**（あたい，value）という．

x の動く範囲を **定義域**（ていぎいき，domain）という．たとえば，関数 $y = \sin x$ の定義域は，実数全体の集合 $\mathbf{R}$ である．また，実数全体の集合ではなく，その一部分を定義域とする関数もある．$y = \tan x$ の定義域は，通常，$x = (n + \frac{1}{2})\pi$,

---

[1] まず x が整数の場合に定義して，それから，x が有理数の場合に定義して，さらに極限の概念を使って x が実数の場合に定義する．

$n \in \mathbf{Z}$ を除いた領域に設定する. $x = (n + \frac{1}{2})\pi$ では $\tan x$ が定義されていないからである.

定義域は必要に応じて,狭めて考えたり,あるいは,定義域以外の場所で新たに値を定めることで,定義域を拡張したりする場合がある.定義域をどう設定しているか意識することはよいことである.

✔**注意 4.2** ここで述べている関数は,実変数実数値関数である.その他に(実変数)複素数値関数(値として複素数も許容する場合)や複素関数(定義域が複素数平面の領域で値も複素数の場合),ベクトル値関数などもある.たとえば,$w = e^{it}$ ($t \in \mathbf{R}$, i は虚数単位)は複素数値関数である.$w = e^z$ ($z \in \mathbf{C}$) は複素関数である.この場合は,定義域は $\mathbf{R}$ ではなく $\mathbf{C}$ である.$\boldsymbol{y} = A\boldsymbol{x}$ ($\boldsymbol{x} \in \mathbf{R}^n$, A は $m \times n$ 型行列) はベクトル値関数である.この場合は,定義域は $\mathbf{R}$ ではなく $\mathbf{R}^n$ であり,関数の値は $\mathbf{R}^m$ にある.

4.2 関数の相等

定義 4.3 「関数が等しい」とは,指定された定義域が等しく,さらに,同じ数 x に対して,同じ値をもつときにいう.つまり,関数 $y = f(x)$ の定義域が $A \subseteq \mathbf{R}$ であり,関数 $y = g(x)$ の定義域が $B \subseteq \mathbf{R}$ のとき,2つの関数 $y = f(x)$ と $y = g(x)$ が **等しい** (equal) とは,$A = B$ であり,かつ,任意の $x \in A$ に対し,$f(x) = g(x)$ のときにいう.

関数は,定義域とその値という<u>機能だけを問題とする</u>から,見かけの式や規則が違っていても等しい関数を表す場合がある.

◆**例 4.4** 関数 $f(x) = \sin^2 x + \cos^2 x$ と $g(x) = 1$ を考える.定義域はともに $\mathbf{R}$ 全体とする.このとき,任意の $x \in \mathbf{R}$ に対し,$f(x) = \sin^2 x + \cos^2 x = 1 = g(x)$ であるから,関数 f と関数 g は等しい.

また,同じ式や規則で表されていても,定義域を変えれば,異なる関数と見

なす．なぜならそれらの機能が異なると考えられるからである．

◆**例題 4.5** 関数 $f(x) = \frac{x^2-1}{x-1}$ と関数 $g(x) = x+1$ は等しいか異なるか，論ぜよ．

例題 4.5 の解答例． 何気なく $f(x) = \frac{(x-1)(x+1)}{x-1} = x+1 = g(x)$ と，気軽に式変形をしてしまいそうである．しかし，関数を定めるには，定義域をはっきりさせなければいけない．これは関数を記述する側の義務である．この例題に対する解答例は，

> 定義域がはっきりしていないのでわからない．もし，$f(x)$ の定義域が $x \neq 1$ の範囲で，$g(x)$ が実数全体ならば，定義域が違うので，違う関数である．さらに，$f(1) = 2$ と定めることにより，$f(x)$ の定義域を実数全体にすれば，任意の実数 x に対し，$f(x) = g(x)$ なので，2つの関数は等しい．

というものである． ∎

演習問題 4.6 関数 $f(x) = \sin x$ と関数 $g(t) = \sin t$ は同じか違うか，論ぜよ．

✓**注意 4.7**（**数式の記法の慣習，関数 $\sin^2 x$ について**）関数 $(\sin x)^2$ のことを $\sin^2 x$ と表す慣習がある．その背景を推量する．関数を $f(x) = \sin x$ とおけば，

$$f = \sin$$

と見ることができる．通常は，このような書き方はしないが，とりあえず暫定的に書くことはできる．次に，関数 $g(y) = y^2$ を考える．（この式に $y = \sin x$ を代入したいので，記号 x の代わりに y を使っている．）すると，「sin をとる」という関数と「2乗する」という関数の合成関数 $g \circ f$ の記号だと思えば，$\sin^2 x$ という書き方には確かに納得ができる．

☞ 関数・写像の合成（4.10 節）．

4.3 写像

関数の概念は，**写像**（しゃぞう，map, mapping）の概念でさらに明確に説明できる．

写像とは，ある集合 X の要素 x を決めたら，（X とは別の集合かもしれない）集合 Y の要素 $y = f(x)$ が一通りに定まる「規則」のことである．写像は，

$$f : X \to Y$$

のように表記する．まれに，$f : Y \leftarrow X$ と書く．このとき，f は X から Y への写像であるという．定義域 X の要素 $a \in X$ に対し，x に a を代入して得られる Y の要素 $f(a) \in Y$ を写像 f による a での **値**(value) とよぶ[2]．

X を f の **定義域**（ソース，source, domain），Y を f の **値域**（ちいき，ターゲット，target, range）とよぶ．また，f の値が実際にとる範囲が Y の中にあるが，これを f による X の **像**(image) とよんで $f(X)$ と書く：

$$f(X) := \{f(x) \mid x \in X\}.$$

$f(X) \subseteq Y$ であるが，一般には $f(X)$ と Y は異なる集合になる．

✓**注意 4.8** なお，これらのよび方は，実は人（書物）によって異なる場合があるので注意が必要である．その演者や著者の数学観による場合もあるし，あまりこだわらない人もあり，よび方が異なる理由も様々である．たとえば，定義域，値域はそれぞれ **始域**（しいき），**終域**（しゅういき）ともよばれる．そのよび方では，写像による始域の像のことを値域とよぶようである．ただし，そのような用語の使い方には，「始域」（シイキ）と「値域」（チイキ）の発音が紛らわしいという難点もある．

写像 $f : X \to Y$ によって，$x \in X$ が $y \in Y$ に写される場合，$f : x \mapsto y$ と書く．

---

[2] 集合 Y が実数などの数の集合の場合に限らず，一般の写像についても，値という用語を流用する．

✔**注意 4.9** 関数は写像の特別な場合と見なされる．どう特別かというと，ターゲットが **R** とか **C** とか，あるいは，$\mathbf{R}^n$ や $\mathbf{C}^n$ のように数または数ベクトルの場合に「関数」という用語が使われる．ただし，写像という用語と関数という用語をあまり区別しないで使っている無頓着な人もいる．それはそれでよろしいが，自分は混乱しないよう心がけよう．

何はともあれ，写像について理解するには，次のキーポイントを意識しておけばよい．

写像のキーポイント：写像には定義域と値域が はっきり 指定されていて，対応の規則が 客観的に 与えられている．

繰り返して言う．写像には，定義域と値域がはっきり指定されていて，対応の規則が客観的に与えられていることがキーポイントである．数式で表されているかどうかは関係ない．なんとなく適当に決める，というのはいただけない．このキーポイントだけは絶対忘れてはならない．

◆**例 4.10**（**線形写像，linear map**）　写像の重要な例は，ベクトル空間からベクトル空間への線形写像である．線形写像はベクトルの和やスカラー倍を保つ写像である．

たとえば，写像 $f : \mathbf{R} \to \mathbf{R}$ を $f(x) = 2x$ で定めると，f は線形写像である．写像 $g : \mathbf{R} \to \mathbf{R}$ を $g(x) = x^2$ で定めると，g は線形写像でない．写像 $h : \mathbf{R} \to \mathbf{R}$ を $h(x) = 2x - 1$ で定めると，h は線形写像でない[3]．また，写像

---
[3] たとえ話になるが，x を「努力」，$y = f(x)$ を「成果」とするとわかりやすいかもしれない．努力を倍すれば，成果も倍になる，努力を3倍すれば，成果も3倍になる，というのが「線形の世界」である．通常はそうはいかない．世の中は通常「非線形」である．なお，h については $h(0) = -1$ なので（$h(0) = 0$ という線形写像がもつべき性質がないので），h を線形写像とはよべない．

$k: \mathbf{R}^3 \to \mathbf{R}^2$ を

$$k \begin{pmatrix} x_1 \\ x_2 \\ x_3 \end{pmatrix} := \begin{pmatrix} 0 & 1 & 0 \\ 0 & 0 & 1 \end{pmatrix} \begin{pmatrix} x_1 \\ x_2 \\ x_3 \end{pmatrix} = \begin{pmatrix} x_2 \\ x_3 \end{pmatrix}$$

で定めると，k は線形写像である．幾何的には写像 k は $x_2 x_3$-平面への直交射影を表す．

行列や線形写像を分析する方法を明らかにすることが，「線形代数」の基本的なテーマである．

◆**例 4.11** S, T を集合とし，S と T の非交差和集合 $S \sqcup T$ を考える．（たとえ S と T に共通の要素があっても，今回は，属する集合が異なるので，異なる要素を見なす）．S の要素と T の要素の**順序対**（じゅんじょ・つい，順序つき組，ordered pair）は，写像 $f: \{0,1\} \to S \sqcup T$ であって $f(0) \in S, f(1) \in T$ であるものと捉えることができる．この順序対を記号で

$$(f(0), f(1))$$

で表す．したがって

$$S \times T = \{f: \{0,1\} \to S \sqcup T \mid f(0) \in S, f(1) \in T\}.$$

同様に，任意の集合族 $S_a (a \in A)$ について，

$$\prod_{a \in A} S_a = \{f: A \to \bigsqcup_{a \in A} S_a \mid \forall a \in A, f(a) \in S_a\}$$

と考えることができる．

✔**注意 4.12（用語に関する注意）** 「陰関数」と「多価関数」という言葉もしばしば使われる．ここで説明している関数・写像概念には，これらは必ずしも当てはまらない使い方なので，注意が必要である．陰関数とは，x に対して $y = f(x)$ が明示的に与えられていないが，その代わりに関係式 $F(x, y) = 0$ で与えられてい

るものを指す．このとき，定義域，値域を適切に選んで，関数 $y = f(x)$ が等式 $F(x, f(x)) = 0$ を満たすようにとるのを微分積分で習うはずである．一般には，与えられた x に対して $F(x, y) = 0$ を満たす y は複数あり得るから，「多価関数」を定めるという表現をするわけである．多価関数は「集合値関数」として写像の概念で理解することができる．

4.4　写像の相等

写像が等しいということの定義ははっきりしている．

定義 4.13　2 つの写像 $f : X \to Y$ と $g : X' \to Y'$ について，f と g が **等しい** (equal)，

$$f = g$$

とは，定義域が同じで，値域が同じで，しかも，その対応関係がまったく同じことを意味する．すなわち，

$$X = X' \text{ かつ } Y = Y' \text{ かつ } \forall x \in X, f(x) = g(x)$$

が成り立つことである．

✔**注意 4.14**　関数の相等の定義 4.3（4.2 節）では，値域を $\mathbf{R}$ に統一していたので，写像の相等の定義 4.13 と関数の相等の定義 4.3 は合致する．

◆**例 4.15（数列の相等）**　実数列 $(a_n)_{n=1}^{\infty}$ は，写像

$$a : \mathbf{N} \setminus \{0\} \to \mathbf{R}, \quad n \mapsto a_n$$

のことである．したがって，2 つの数列 $(a_n)_{n=1}^{\infty}$ と $(b_n)_{n=1}^{\infty}$ が等しいための必要十分条件は，$a_n = b_n$ $(n = 1, 2, 3, \dots)$ が成り立つことである．

複素数列の場合でも同様である．

◆**例 4.16**（行列の相等） $m \times n$ 型実行列 $A = (a_{ij})_{1 \leq i \leq m, 1 \leq j \leq n}$ は，写像

$$A : \{1, 2, \ldots, m\} \times \{1, 2, \ldots, n\} \to \mathbf{R}, \quad (i, j) \mapsto a_{ij}$$

のことである．このとき，2つの $m \times n$ 型実行列 A と B, $B = (b_{ij})_{1 \leq i \leq m, 1 \leq j \leq n}$ について，$A = B \iff a_{ij} = b_{ij}$ $(1 \leq i \leq m, 1 \leq j \leq n)$ が成り立つ．

複素行列の場合でも同様である．

◆**例題 4.17** A, B を $m \times n$ 型実行列とし，線形写像 $f_A : \mathbf{R}^n \to \mathbf{R}^m$ を $f_A(\boldsymbol{x}) = A\boldsymbol{x}$ により定義し，線形写像 $f_B : \mathbf{R}^n \to \mathbf{R}^m$ を $f_B(\boldsymbol{x}) = B\boldsymbol{x}$ により定義する．このとき，$f_A = f_B \iff A = B$ が成り立つことを示せ．

例題 4.17 の解答例． $f_A = f_B$ とする．任意の $\boldsymbol{x} \in \mathbf{R}^n$ について，$f_A(\boldsymbol{x}) = f_B(\boldsymbol{x})$ が成り立つ．特に，$\boldsymbol{e}_j \in \mathbf{R}^n$ を $(\boldsymbol{e}_j)_i = \delta_{ij}$ （クロネッカーのデルタ）で定めるとき，$f_A(\boldsymbol{e}_j) = f_B(\boldsymbol{e}_j)$ $(1 \leq j \leq n)$ が成り立つ．$f_A(\boldsymbol{e}_j) = A\boldsymbol{e}_j = (a_{ij})_{i=1}^n$, $f_B(\boldsymbol{e}_j) = B\boldsymbol{e}_j = (b_{ij})_{i=1}^n$ であるから，$1 \leq i \leq m, 1 \leq j \leq n$ に対し，$a_{ij} = b_{ij}$ が成り立つ．すなわち，$A = B$ が成り立つ．したがって，$f_A = f_B \implies A = B$ が成り立つ．

逆に，$A = B$ ならば，写像 f_A と f_B は同じ定義域 $\mathbf{R}^n$ をもち，しかも，任意の $\boldsymbol{x} \in \mathbf{R}^n$ に対して，$f_A(\boldsymbol{x}) = A\boldsymbol{x} = B\boldsymbol{x} = f_B(\boldsymbol{x})$ であるから，写像として $f_A = f_B$ が成り立つ． ■

4.5 像

写像 $f : X \to Y$ と定義域の部分集合 $S \subseteq X$ について，S の f による**像** (イメージ, image) $f(S)$ を

$$f(S) := \{y \in Y \mid \exists s \in S, \, y = f(s)\} = \{f(s) \mid s \in S\}$$

によって定める[4]．$f(S)$ は値域 Y の部分集合である．

---

[4]参考文献 [3] では，像 $f(S)$ を記号 $f_*(S)$ で表している．本書では，通常，教科書や講義，講演，論文などで多く使われている記号をなるべく採用することにした．

要素 $s \in S$ に対し, $f(s)$ が決まる. s が S 上を動くときの値 $f(s)$ の全体集合が $f(S)$ である. 見やすい記号である.

全体像 $f(X)$ は $S = X$ の場合の像である.

確認のために強調するが,

像と写像は違う.

写像で写した結果が像である. 写像は行為であり, 像はその結果である. 像と写像は明らかに異なる概念である.

演習問題 4.18 $X = \{0, 1, 2, \ldots, 10\}$, $S = \{0, 1, 2, 3, 4, 5\}$, $Y = \{0, 1, 2, \ldots, 30\}$, $f : X \to Y$, $f(n) = 30 - 2n$ $(n \in X)$ について.

(1) $f(X)$ と $f(S)$ を求めよ.
(2) $T = \{0, 1, 2, \ldots, 20\}$ のとき, $f(X) \cap T$, $f(S) \cap T$ を求めよ.

演習問題 4.19 $f : \mathbf{R} \to \mathbf{R}$, $f(x) = x^2 - 1$ とおく. $f(\mathbf{R})$ および, $f(\mathbf{R}_{>0})$ を求めよ. ただし,
$$\mathbf{R}_{>0} = \{x \in \mathbf{R} \mid x > 0\}$$
である.

◆**例題 4.20** 次を示せ. 写像 $f : X \to Y$ と $S_1, S_2 \subseteq X$ について, $S_1 \subseteq S_2$ ならば $f(S_1) \subseteq f(S_2)$ が成り立つ.

例題 4.20 の解答例. 「$S_1 \subseteq S_2$」を仮定して,「$f(S_1) \subseteq f(S_2)$」を導く. $f(S_1) \subseteq f(S_2)$ を示すために, 任意に $y \in f(S_1)$ をとる. このとき, $x \in S_1$ が存在して, $y = f(x)$ となる. $S_1 \subseteq S_2$ で $x \in S_1$ だから $x \in S_2$ である. したがって, $y \in f(S_2)$ となる. 任意の $y \in f(S_1)$ に対し $y \in f(S_2)$ が示されたので, $f(S_1) \subseteq f(S_2)$ が示された. ∎

演習問題 4.21 写像 $f : X \to Y$ と $S_1, S_2 \subseteq X$ に対し, $f(S_1 \cap S_2) \subseteq f(S_1) \cap f(S_2)$ を示せ.

◆**例題 4.22** 例題 4.21 で，等号が成り立たないような，$X, Y, f : X \to Y$, S_1, S_2 の例を挙げよ．

例題 4.22 の解答例． $X = \{0, 1, 2\}$, $Y = \{0, 1\}$ とおき，$f : X \to Y$ を $f(0) = 0$, $f(1) = 1$, $f(2) = 1$ により定め，$S_1 = \{0, 1\}$, $S_2 = \{0, 2\}$ とする．このとき，$S_1 \cap S_2 = \{0\}$ であるから，$f(S_1 \cap S_2) = \{0\}$ である．一方，$f(S_1) = \{0, 1\}$, $f(S_2) = \{0, 1\}$ であるから，$f(S_1) \cap f(S_2) = \{0, 1\}$ であり，$1 \notin f(S_1 \cap S_2)$ であって，$1 \in f(S_1) \cap f(S_2)$ であるから，$f(S_1 \cap S_2) \neq f(S_1) \cap f(S_2)$ である． ■

✓**注意 4.23** 例題 4.22 は，命題「任意の集合 X，任意の集合 Y，任意の写像 $f : X \to Y$, 任意の $S_1 \subseteq X$, 任意の $S_2 \subseteq X$ に対し，$f(S_1 \cap S_2) = f(S_1) \cap f(S_2)$」の反例を挙げよ，という例題である．
☞ 反例 (2.20 節).

◆**例題 4.24** 写像 $f : X \to Y$ と $S_1, S_2 \subseteq X$ に対し，$f(S_1 \cup S_2) = f(S_1) \cup f(S_2)$ を示せ．

例題 4.24 の解答例． $S_1 \subseteq S_1 \cup S_2$ だから，$f(S_1) \subseteq f(S_1 \cup S_2)$ が成り立つ．また，$S_2 \subseteq S_1 \cup S_2$ だから，$f(S_2) \subseteq f(S_1 \cup S_2)$ が成り立つ．よって，$f(S_1) \cup f(S_2) \subseteq f(S_1 \cup S_2)$ が成り立つ．

$f(S_1 \cup S_2) \subseteq f(S_1) \cup f(S_2)$ を示す．

$y \in f(S_1 \cup S_2)$ とする．このとき，$x \in S_1 \cup S_2$ が存在して，$y = f(x)$ となる．$x \in S_1$ または $x \in S_2$ である．もし $x \in S_1$ ならば $y \in f(S_1)$ である．もし $x \in S_2$ ならば $y \in f(S_2)$ である．したがって，$y \in f(S_1) \cup f(S_2)$ となる．よって，$f(S_1 \cup S_2) \subseteq f(S_1) \cup f(S_2)$ が成り立つ．

以上により，$f(S_1 \cup S_2) = f(S_1) \cup f(S_2)$ が示された． ■

別解.

$y \in f(S_1 \cup S_2)$
$\iff \exists x \in S_1 \cup S_2, y = f(x) \iff \exists x, (x \in S_1 \cup S_2) \text{ かつ } (y = f(x))$
$\iff \exists x, (x \in S_1 \text{ または } x \in S_2) \text{ かつ } (y = f(x))$
$\iff \exists x, (x \in S_1 \text{ かつ } y = f(x)) \text{ または } (x \in S_2 \text{ かつ } y = f(x))$
$\iff (\exists x, (x \in S_1 \text{ かつ } y = f(x))) \text{ または } (\exists x', (x' \in S_2 \text{ かつ } y = f(x')))$
$\iff y \in f(S_1) \cup f(S_2).$

したがって, $f(S_1 \cup S_2) = f(S_1) \cup f(S_2)$ が成り立つ. ∎

☞ 「任意」の「または」,「ある」の「かつ」(2.19 節).

4.6 実数値関数の最大値,最小値,上限,下限

X を集合とする. ここでは, $\mathbf{R}$ の部分集合に限らない場合も扱っている. 値域が実数全体の集合 $\mathbf{R}$ であるような写像 $f: X \to \mathbf{R}$ を, 特に, X 上の **関数** (function on X), あるいは, より詳しく **実数値関数** とよぶ.

☞ 実数値関数 (注意 4.2).

定義 4.25 (関数の最大値, 最小値) $f: X \to \mathbf{R}$ の像

$$f(X) = \{f(x) \mid x \in X\} = \{y \in \mathbf{R} \mid \exists x \in X, y = f(x)\} \subseteq \mathbf{R}$$

に注目すると, $\mathbf{R}$ の部分集合 $f(X)$ の最大数や最小数を考えることができる. $f(X)$ の最大数を関数 f の **最大値** (maximum) とよび, $\max_{x \in X} f(x)$ と表す. $f(X)$ の最小数を関数 f の **最小値** (minimum) とよび, $\min_{x \in X} f(x)$ と表す. つまり, 関数 $f: y = f(x)$ について, f の最大値とは, x が X 上を動くときの, $f(x)$ のとる値の最大数のことである. f の最小値とは, x が X 上を動くときの, $f(x)$ のとる値の最小数である.

言い換えると次のようになる:

$$M \in \mathbf{R} \text{ が } f: X \to \mathbf{R} \text{ の最大値} \overset{\text{def.}}{\iff}$$
$$(\exists x_0 \in X, M = f(x_0)) \text{ かつ } (\forall x \in X, f(x) \leq M).$$

$$m \in \mathbf{R} \text{ が } f : X \to \mathbf{R} \text{ の最小値} \overset{\text{def.}}{\Longleftrightarrow}$$
$$(\exists x_0' \in X, m = f(x_0')) \text{ かつ } (\forall x \in X, m \leq f(x)).$$

☞ $\mathbf{R}$ の部分集合の最大数,最小数(3.18 節).

◆**例 4.26** $f : \mathbf{R} \to \mathbf{R}$ を $f(x) = x^2$ とする.このとき,0 が f の最小値である.f の最大値は存在しない.

◆**例 4.27** $g : [-1, 1] \to \mathbf{R}$ を $g(x) = -x^2$ とする.このとき,-1 が g の最小値であり,0 が g の最大値である.

演習問題 4.28 関数 $h : [0, 1) \to \mathbf{R}$, $h(x) = -x^2$ の最大値は 0 で,最小値は存在しないことを示せ.

◆**例 4.29(関数の上限,下限)** 関数 $f : X \to \mathbf{R}$ について,f の像 $f(X) \subseteq \mathbf{R}$ の上限,下限をそれぞれ,f の **上限,下限** (supremum, infimum) とよぶ.

☞ $\mathbf{R}$ の部分集合の上限,下限(3.19 節).

演習問題 4.30 (1) 関数 $f : \mathbf{R} \to \mathbf{R}$ を任意の $x \in \mathbf{R}$ に対し $f(x) = x^2 - 1$ により定める.f の最大値,最小値,上限,下限を求めよ.
(2) 関数 $g : \mathbf{R}_{>0} \to \mathbf{R}$ を任意の $x \in \mathbf{R}_{>0}$ に対し $g(x) = x^2 - 1$ により定める.g の最大値,最小値,上限,下限を求めよ.

☞ 演習問題 4.19.

✔**注意 4.31(関数の極値)** 関数 $f : X \to \mathbf{R}$ の極大値 (maximal value, local maximum),極小値 (minimal value, local minimum) は,定義域 X が $\mathbf{R}^n$ 内の領域である場合や,一般に X に「位相」とよばれるものが指定された場合に定義される.すなわち,$a \in X$ のある「近傍」の上で $f(a)$ が最大値,あるいは最小値になっている場合に,極大値,極小値とよぶ.

4.7 写像の性質を表す基本的用語

写像に関する一般論である.

写像に関する性質を表す基本的な用語がいくつかある．次の3つの用語はきわめて重要である．説明のために，写像 $y = f(x)$ を方程式に見立てている：

定義 4.32 X, Y を集合とし，$f : X \to Y$ を写像とする．
(1) 写像 f が **単射**（たんしゃ，injection）であるとは，

> 任意の $y \in Y$ に対して，
> $x \in X$ に関する方程式 $f(x) = y$ の解 x が
> 一意的である

ときにいう．すなわち，$x_1, x_2 \in X$ について，$f(x_1) = f(x_2)$ ならば $x_1 = x_2$ が成り立つときである．
(2) 写像 f が **全射**（ぜんしゃ，surjection）であるとは，

> 任意の $y \in Y$ に対して，
> $x \in X$ に関する方程式 $f(x) = y$ の解 x が
> 存在する

ときにいう．すなわち，任意の $y \in Y$ に対して，$x \in X$ が存在して，$f(x) = y$ が成り立つときである．
(3) 写像 f が **全単射**（ぜんたんしゃ，bijection）であるとは，

> 任意の $y \in Y$ に対して，
> $x \in X$ に関する方程式 $f(x) = y$ の解 x が
> 一意的に存在する

ときにいう．すなわち，任意の $y \in Y$ に対して，$x \in X$ が存在して，$f(x) = y$ が成り立ち，もう1つ $x' \in X$ が $f(x') = y$ を満たすならば，$x' = x$ となるときである．

✔ **注意 4.33** 「一意的」とは，「ただ1つ」という意味である．「一意的に存在する」とは，「ただ1つ存在する」という意味である．

単射，全射，全単射という性質は，写像の定義域（x の許容範囲）と値域（y の許容範囲）を指定した上で考えられる．

◆**例 4.34** $f: \mathbf{R} \to \mathbf{R}$ が**単調増加**とは，$x_1 < x_2$ ならば $f(x_1) < f(x_2)$ が，任意の x_1, x_2 について成り立つときにいう．f が単調増加ならば単射である．

実際，f が単調増加で，$f(x_1) = f(x_2)$ とする．$x_1 < x_2$ とすると矛盾が生じる．$x_2 < x_1$ としても矛盾が生じる．したがって，$x_1 = x_2$ となる．

$f: \mathbf{R} \to \mathbf{R}$ が**単調減少**とは，$x_1 < x_2$ ならば $f(x_1) > f(x_2)$ が，任意の x_1, x_2 について成り立つときにいう．f が単調減少ならば単射である．

◆**例 4.35** 次の図 4.2 のグラフで表される写像 $f: X \to Y$ を考える．左は単射だが全射でない．中は全射だが単射でない．右は全単射である．

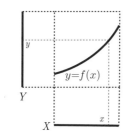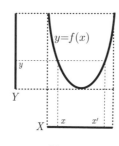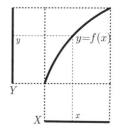

図 4.2

◆**例 4.36** x が実数全体を動くとき，$x^2 = 1$ の解は $x = \pm 1$ となり，1つに定まらない．したがって，写像 $f(x) = x^2$ は単射ではない．（定義域を $x \geq 0$ に指定すれば，$f(x)$ は単射である．）また，値域を $y \geq 0$ に定めれば，写像 $y = x^2$ は全射である．値域を実数全体に定めれば全射ではない．

◆**例 4.37** $X = \mathbf{R}, Y = \mathbf{R}$ とし，写像 $f: \mathbf{R} \to \mathbf{R}$ を $f(x) = x^3$ で定める．このとき f は全単射である．

◆**例題 4.38** $n \in \mathbf{N}$ とするとき,

$$S = \{(i,j) \in \mathbf{N}^2 \mid 1 \leq i \leq n, 1 \leq j \leq n\}, \quad T = \{k \in \mathbf{N} \mid 1 \leq k \leq n^2\}$$

とおく. 写像 $f: S \to T$ を

$$f((i,j)) = (i-1)n + j$$

で定める. このとき f は全単射であることを示せ.

例題 4.38 の解答例. 単射性: $(i,j), (i',j') \in S$ とし, $f((i,j)) = f((i',j'))$ とする. $(i-1)n+j = (i'-1)n+j'$ であるから, $(i-i')n = -(j-j')$. したがって, $|i-i'|n = |j-j'|$. もし, $i \neq i'$ とすると, $n \leq |i-i'|n = |j-j'| < n$ となり, $n < n$ という矛盾が導かれる. したがって, $i = i'$ が成り立つ. すると, $|j-j'| = 0$ から $j = j'$ も成り立つ. よって, $(i,j) = (i',j')$ となる. よって f は単射である.

全射性: 任意の $k \in T$ について, $k-1$ を n を法として見れば, $k-1 = \ell n + m$ となる $\ell, m \in \mathbf{N}, 0 \leq \ell < n, 0 \leq m < n$ が存在する. このとき, $i = \ell + 1$, $j = m + 1$ とおけば, $(i,j) \in S$ で, $f((i,j)) = (i-1)n + j = k$ となる. したがって f は全射である. ∎

✓**注意 4.39** (ひき出し論法, 部屋割り論法) 5 個のひき出しに, 5 個の小物を 1 つずつ入れていけば, すべての引き出しを使うことになる. また, すべてのひき出しに小物が入っているとすれば, それぞれのひき出しに入っている小物はただ 1 つである. 一般に, 有限集合 S, T の間の写像 $f: S \to T$ について, S, T の要素の個数が同じとすると, f が単射であれば, f は全射になる. また, f が全射であれば, f は単射になる. したがって, 例題 4.38 では, S の個数も T の個数も等しく n^2 であるから, f が単射であるか, 全射であるか, 一方のみを示せば十分である.
☞ 濃度 (4.15 節).

演習問題 4.40 定義域と値域がともに $[-1,1] = \{x \in \mathbf{R} \mid -1 \leq x \leq 1\}$ であって, $f(-1) = -1, f(1) = 1, f(0) = \frac{1}{2}$ を満たし, 単調増加, 全単射である写像 $y = f(x)$ を 1 つ求めよ.

演習問題 4.41 n を 2 以上の自然数とするとき，次の問いに答えよ．

(1) 集合 $\{0, 1, 2, \ldots, n\}$ から集合 $\{0, 1\}$ への写像は，全部でいくつあるか？また，そのうち，全射はいくつあるか？ 単射はいくつあるか？
(2) 集合 $\{0, 1\}$ から集合 $\{0, 1, 2, \ldots, n\}$ への写像は，全部でいくつあるか？また，そのうち，全射はいくつあるか？ 単射はいくつあるか？

命題 4.42 写像 $f : X \to Y$ が全射である必要十分条件は，$f(X) = Y$ が成り立つことである．

証明 f が全射 $\implies f(X) = Y$：f を全射とする．任意の $y \in Y$ に対し，$x \in X$ が存在し，$y = f(x)$ となる．したがって，$y \in f(X)$ となる．よって，$Y \subseteq f(X)$ である．$f(X) \subseteq Y$ は定義から成り立つから，$f(X) = Y$ を得る．

$f(X) = Y \implies f$ が全射：$f(X) = Y$ とする．任意の $y \in Y$ に対し，$y \in f(X)$ だから，$x \in X$ が存在し，$y = f(x)$ となる．したがって，f は全射である． ∎

4.8 逆写像

写像 $f : X \to Y$ が <u>全単射</u> の場合は，任意の $y \in Y$ に対して，$y = f(x)$ となるような $x \in X$ が一意的に存在する．そこで，$y \in Y$ に対して，$y = f(x)$ となる x を対応させることで，Y から X への写像が定まる．Y が定義域，X が値域となる．この写像を $f^{-1} : Y \to X$ と表す．写像 f^{-1} の記号の意味は，$y = f(x)$ のとき，$x = f^{-1}(y)$ と書いて，y に対して x が定まると見た，ということである．つまり，f による対応関係を逆に見るのである．逆に見るには柔軟に発想しなければいけない．ぜひ柔軟に発想してほしい[5]．それはともかく，こうしてできる逆の写像 f^{-1} を f の **逆写像** (inverse mapping) とよぶ．

逆写像が考えられるのは，全単射の場合に限る．逆に言えば，逆写像を考えるために，適切に，定義域や値域を制限して全単射になるように「段取り」をしなければいけない．

---
[5] その柔軟な発想が対数関数や楕円関数などの重要な関数を生み出した歴史があるのだ．（I 先生）

◆例 4.43　$\mathbf{Z}$ を整数全体，$2\mathbf{Z} = \{2n \mid n \in \mathbf{Z}\}$ を 2 の倍数である整数の全体の集合とする．$f: \mathbf{Z} \to 2\mathbf{Z}$ を $f(n) = 2n$ で定義する．すると，f は全単射である．f の逆写像は，$f^{-1}: 2\mathbf{Z} \to \mathbf{Z}$, $f(m) = \frac{m}{2}$ $(m \in 2\mathbf{Z})$ で与えられる．

演習問題 4.44　演習問題 4.40 で与えた写像 f の逆写像 f^{-1} を求めよ．

4.9　逆像

写像に関係して，**逆像**という重要な概念がある．**逆像の概念や記号は，逆写像と非常に紛らわしいので特に注意したい**．

逆像とは何か？　写像 $f: X \to Y$ と Y の部分集合 $T \subseteq Y$ に対して f で写したら T の中に写されるような X の点の集まりを $f^{-1}(T)$ と表し，T の f による **逆像** (inverse image, pull-back) というのである．すなわち：

$$f^{-1}(T) := \{x \in X \mid f(x) \in T\}.$$

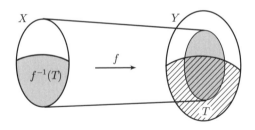

図 4.3　逆像 $f^{-1}(T)$．Y 内のグレー部分は f による X の像 $f(X)$．

✔**注意 4.45**（「逆像」と「逆写像」の違い）

~~~
逆写像と逆像は違う．
~~~

逆像は，写像が単射とか全射とかまったく仮定しない一般的な状況で考えられる．逆写像は全単射に対してだけ考えられるが，逆像はいつでも考えられる．逆写像

f^{-1} が考えられなくても逆像 $f^{-1}(T)$ は考えられるのである[6]．このように，逆写像と逆像は根本的に異なるものである．その上で，**全単射の場合に限り，逆像は逆写像による像である**，ということになる．

◆**例題 4.46** 集合 $\{0,1,2\}$ から集合 $\{0,1\}$ への 1 つの写像 $f : \{0,1,2\} \to \{0,1\}$ を，$f(0) = 0, f(1) = 1, f(2) = 0$ で定義する．逆像 $f^{-1}(\{0\})$ は何か？ また，逆像 $f^{-1}(\{1\})$ は何か？

例題 4.46 の解答例． $f^{-1}(\{0\}) = \{0, 2\}$．$f^{-1}(\{1\}) = \{1\}$．■

演習問題 4.47 あるクラスの 50 名の学生が学籍番号に従って集合

$$S = \{1, 2, \ldots, 50\}$$

により表されている．次の表のように，100 点満点の数学のテストの点数によって，写像 $f : S \to T$ が定まっている．ここで，

$$T = \{0, 1, 2, \ldots, 100\}$$

である．80 点以上が合格であるとするとき，合格者の集合を逆像の記号を使って表せ．また，合格者の集合を求めよ．

番号	点数	番号	点数	番号	点数	番号	点数	番号	点数
1	35	11	22	21	0	31	32	41	100
2	75	12	100	22	85	32	80	42	80
3	79	13	91	23	80	33	79	43	79
4	0	14	80	24	95	34	60	44	54
5	13	15	66	25	88	35	55	45	37
6	99	16	10	26	77	36	40	46	91
7	100	17	90	27	79	37	0	47	25
8	22	18	95	28	2	38	99	48	89
9	3	19	21	29	80	39	100	49	66
10	85	20	99	30	97	40	30	50	100

---

[6]そのため，参考文献 [3] では，逆像 $f^{-1}(T)$ を記号 $f^*(T)$ で表している．よい記号であるが，本書では通常多く使われている記号を使用した方が読者の利益になると考え，注意を喚起しながら敢えて従来の記号を採用している．

演習問題 4.48 演習問題 4.47 の表で，R 君の学籍番号は 3 番，N 君は 21 番，O さんは 41 番である．次の問いに答えよ．

(1) R 君と同じ点数をとっている学生の学籍番号の集合を f の逆像を使って表し，その集合を求めよ．
(2) R 君，N 君，O さんのうちの誰かと同じ点数をとっている学生の学籍番号の集合を f の逆像を使って表し，その集合を求めよ．

◆**例題 4.49** 次を示せ．写像 $f: X \to Y$ と部分集合 $S \subseteq X$ に対し，$S \subseteq f^{-1}(f(S))$ が成り立つ．部分集合 $T \subseteq Y$ に対し，$f(f^{-1}(T)) \subseteq T$ が成り立つ．

例題 4.49 の解答例． 任意の $x \in S$ に対し，$f(x) \in f(S)$ である．よって，逆像の定義から，$x \in f^{-1}(f(S))$ が成り立つ．任意の $y \in f(f^{-1}(T))$ に対し $x \in f^{-1}(T)$ が存在して $y = f(x)$ である．$f(x) \in T$ であるから $y \in T$． ∎

◆**例題 4.50** 写像 $f: X \to Y$ と Y の部分集合 T_1, T_2 について，次が成り立つことを示せ：
$$f^{-1}(T_1) \cap f^{-1}(T_2) = f^{-1}(T_1 \cap T_2).$$

例題 4.50 の解答例． $f^{-1}(T_1 \cap T_2) \subseteq f^{-1}(T_1) \cap f^{-1}(T_2) : x \in f^{-1}(T_1 \cap T_2)$ とする．$f(x) \in T_1 \cap T_2$ だから，$f(x) \in T_1$ かつ $f(x) \in T_2$ を得る．したがって，$x \in f^{-1}(T_1)$ かつ $x \in f^{-1}(T_2)$ であるので，$x \in f^{-1}(T_1) \cap f^{-1}(T_2)$ となる．よって，$f^{-1}(T_1 \cap T_2) \subseteq f^{-1}(T_1) \cap f^{-1}(T_2)$ が成り立つ．

$f^{-1}(T_1) \cap f^{-1}(T_2) \subseteq f^{-1}(T_1 \cap T_2) : x \in f^{-1}(T_1) \cap f^{-1}(T_2)$ とする．$x \in f^{-1}(T_1)$ かつ $x \in f^{-1}(T_2)$ だから，$f(x) \in T_1$ かつ $f(x) \in T_2$ を得る．したがって，$f(x) \in T_1 \cap T_2$ であるので，$x \in f^{-1}(T_1 \cap T_2)$ となる．よって，$f^{-1}(T_1) \cap f^{-1}(T_2) \subseteq f^{-1}(T_1 \cap T_2)$ が成り立つ．

以上のことから，$f^{-1}(T_1 \cap T_2) = f^{-1}(T_1) \cap f^{-1}(T_2)$ が成り立つ． ∎

別解． $x \in f^{-1}(T_1 \cap T_2) \iff f(x) \in T_1 \cap T_2 \iff (f(x) \in T_1$ かつ $(f(x) \in T_2) \iff (x \in f^{-1}(T_1))$ かつ $(x \in f^{-1}(T_2)) \iff x \in f^{-1}(T_1) \cap f^{-1}(T_2)$ が成り立つので，$f^{-1}(T_1 \cap T_2) = f^{-1}(T_1) \cap f^{-1}(T_2)$ が成り立つ． ∎

演習問題 4.51 写像 $f: X \to Y$ と Y の部分集合 T_1, T_2 について，次を示せ：
$$f^{-1}(T_1 \cup T_2) = f^{-1}(T_1) \cup f^{-1}(T_2).$$

演習問題 4.52 写像 $f: X \to Y$ と Y の部分集合の族 $T_a (a \in A)$ について，

(1) $f^{-1}(\bigcap_{a \in A} T_a) = \bigcap_{a \in A} f^{-1}(T_a)$

(2) $f^{-1}(\bigcup_{a \in A} T_a) = \bigcup_{a \in A} f^{-1}(T_a)$

を示せ．

✔**注意 4.53** $f^{-1}(\{c\})$ を略して $f^{-1}(c)$ という表記をする場合が多い．したがって，$f: X \to Y$ について，
$$f^{-1}(c) := \{x \in X \mid f(x) = c\}$$
である．

◆**例題 4.54** $S^1 = \{(x,y) \in \mathbf{R}^2 \mid x^2 + y^2 = 1\}$ を単位円とする．S^1 を逆像の記号を使って表せ．

例題 4.54 の解答例． $f: \mathbf{R}^2 \to \mathbf{R}$ を $f(x,y) = x^2 + y^2$ で定義する．このとき，$S^1 = f^{-1}(1)$． ∎

演習問題 4.55 $D^2 = \{(x,y) \in \mathbf{R}^2 \mid x^2 + y^2 \le 1\}$ を単位円とする．D^2 を逆像の記号を使って表せ．

◆**例 4.56** 写像 $f: X \to Y$ と，Y の要素によって真偽が決まる命題の族 $P(y)$ について，
$$P(y) \implies (\forall x \in f^{-1}(y), P(f(x)))$$
が成り立つ．

4.10 関数・写像の合成

写像 $f : X \to Y$ と $g : Y \to Z$ に関して，f と g の **合成** (composition) とよばれる写像

$$g \circ f : X \to Z$$

が $(g \circ f)(x) = g(f(x))\ (x \in X)$ により定まる[7]．合成を見かけたら，$y = f(x)$, $z = g(y)$ と表して，y のところに $f(x)$ を代入すると考えればよい．

$$x \xmapsto{f} y \xmapsto{g} z.$$

✔ **注意 4.57** f の値域と g の定義域が異なる場合も，合成 $g \circ f$ を次の意味で考える．$f : X \to Y, g : Y' \to Z$ とする．このとき，$g(f(x))$ が定義できるのは，$f(x) \in Y \cap Y'$ のとき，つまり，$x \in f^{-1}(Y \cap Y')$ のときである．したがって，f の定義域と値域を制限し，g の定義域を制限し，$f : f^{-1}(Y \cap Y') \to Y \cap Y'$ とし，$g : Y \cap Y' \to Z$ としてから合成を考える．したがって，$g \circ f : f^{-1}(Y \cap Y') \to Z$ と考える．$g \circ f$ は正確には $(g|_{Y \cap Y'}) \circ (f|_{f^{-1}(Y \cap Y')})$ である．
☞ 写像の制限（4.11 節）．

◆**例題 4.58** $f : \mathbf{R} \to \mathbf{R}, f(x) = x^2, g : \mathbf{R}_{>0} \to \mathbf{R}, g(x) = \log(x)$ のとき合成写像 $g \circ f$ を書き，定義域を確認せよ．

例題 4.58 の解答例． $(g \circ f)(x) = g(f(x)) = g(x^2) = \log(x^2)$. $f^{-1}(\mathbf{R}_{>0}) = \mathbf{R} \setminus \{0\}$ であるから，$g \circ f$ の定義域としては，$\mathbf{R} \setminus \{0\}$ にとることができる．$g \circ f : \mathbf{R} \setminus \{0\} \to \mathbf{R}$ である． ■

◆**例題 4.59** 次の関数は，どういう関数・写像の合成関数・合成写像で表されるか，説明せよ．

(1) $h(x) = \log|x|$.

---

[7] $g \circ f$ の読み方であるが，g まる f と読んだり，composition of g and f と読んだり，「まる」を読み飛ばして，gf（ジーエフ）と読んだりする．

(2) $k(x) = |\log x|$.
(3) $\ell(x, y) = \log |x| + |\log y|$.

例題 4.59 の解答例. 絶対値をとる写像を $f : \mathbf{R} \to \mathbf{R}_{\geq 0}$, $f(x) := |x|$, また, $g : \mathbf{R}_{>0} \to \mathbf{R}$, $g(x) := \log(x)$, $a : \mathbf{R}^2 \to \mathbf{R}$, $a(x, y) := x + y$ と定めると,
(1) $h(x) = (g \circ f)(x)$, $g \circ f : \mathbf{R} \setminus \{0\} \to \mathbf{R}$ であり,
(2) $k(x) = (f \circ g)(x)$, $f \circ g : \mathbf{R}_{>0} \to \mathbf{R}$ である. ($f \circ g$ の値域は, $\mathbf{R}_{\geq 0}$ などにも設定することができる.)
(3) $\ell(x, y) = (g \circ f)(x) + (f \circ g)(y) = (a \circ ((g \circ f) \times (f \circ g)))(x, y)$, $a \circ ((g \circ f) \times (f \circ g)) : (\mathbf{R} \setminus \{0\}) \times \mathbf{R}_{>0} \to \mathbf{R}$ である. ただし, $(g \circ f) \times (f \circ g) : (\mathbf{R} \setminus \{0\}) \times \mathbf{R}_{>0} \to \mathbf{R}^2$ は, $(g \circ f) \times (f \circ g)(x, y) := ((g \circ f)(x), (f \circ g)(y))$ により定める. ∎

☞ 写像と直積（4.13 節）.

次の例題は, 写像の合成と単射性・全射性の関係について扱っている.

◼**例題 4.60** 写像 $f : X \to Y$, $g : Y \to Z$ について, (1) から (5) を示し, (6) の問に答えよ.

(1) f と g が単射ならば, $g \circ f : X \to Z$ は単射である.
(2) 合成 $g \circ f : X \to Z$ が単射ならば, f は単射である.
(3) f と g が全射ならば, $g \circ f : X \to Z$ は全射である.
(4) 合成 $g \circ f : X \to Z$ が全射ならば, g は全射である.
(5) f と g が全単射ならば, $g \circ f : X \to Z$ は全単射である.
(6) 合成 $g \circ f : X \to Z$ が全単射であり, f が全射でなく, g が単射でないような (X, Y, Z, f, g) の) 具体例を挙げよ.

例題 4.60 の解答例. (1) f と g が単射であるとする. $x_1, x_2 \in X$ について, $(g \circ f)(x_1) = (g \circ f)(x_2)$ とする. $g(f(x_1)) = g(f(x_2))$ で g が単射だから, $f(x_1) = f(x_2)$ となる. さらに f が単射だから $x_1 = x_2$ となる. したがって

$g \circ f$ は単射である．よって，f と g が単射ならば $g \circ f$ は単射である．

(2) $g \circ f$ が単射であるとし，$x_1, x_2 \in X$ について，$f(x_1) = f(x_2)$ とする．このとき，$(g \circ f)(x_1) = g(f(x_1)) = g(f(x_2)) = (g \circ f)(x_2)$ であり，$g \circ f$ が単射なので，$x_1 = x_2$ が成り立つ．したがって，f は単射である．よって，$g \circ f$ が単射ならば，f は単射である．

(3) f と g が全射であるとする．任意の $z \in Z$ をとる．g が全射だから，$y \in Y$ が存在して，$g(y) = z$ が成り立つ．さらに f が全射だから $x \in X$ が存在して，$f(x) = y$ が成り立つ．このとき，$(g \circ f)(x) = g(f(x)) = g(y) = z$ が成り立つ．したがって $g \circ f$ は全射である．よって，f と g が全射ならば $g \circ f$ は全射である．

(4) $g \circ f$ が全射であるとし，任意の $z \in Z$ をとる．$g \circ f$ が全射なので，$x \in X$ が存在し，$(g \circ f)(x) = z$ が成り立つ．このとき，$g(f(x)) = z$ となり，$f(x) \in Y$ であるから，g は全射である．よって，$g \circ f$ が全射ならば g は全射である．

(5) f と g が全単射であるとする．f と g は単射だから，(1) より，$g \circ f$ は単射である．また，f と g は全射だから，(3) より，$g \circ f$ は全射である．したがって，$g \circ f$ は全単射である．よって，f と g が全単射ならば，$f \circ g$ は全単射である．

(6) $X = \{0\}$, $Y = \{0,1\}$, $Z = \{1\}$, $f : X \to Y$, $f(0) = 0$, $g : Y \to Z$, $g(0) = g(1) = 1$ と定める．このとき，f は全射でなく，g は単射でなく，$g \circ f : X \to Z$ は全単射である． ∎

4.11　写像の制限

写像 $f : X \to Y$ と X の部分集合 $S \subseteq X$ に対して，単に定義域を S に制限して得られる写像 $f|_S : S \to Y$ が定まる．つまり，$x \in S$ に対して，

$$(f|_S)(x) := f(x)$$

と定める．この写像 $f|_S$ を写像 f の S への **制限** (restriction) とよぶ．

また，Y の部分集合 $T \subseteq Y$ に対して，f の $f^{-1}(T)$ への制限 $f|_{f^{-1}(T)} : f^{-1}(T) \to Y$ から，値域を狭めて，$f^{-1}(T)$ から T への写像を定めることができる．すなわち，$(f|_{f^{-1}(T)})(x) = f(x)$ $(x \in f^{-1}(T))$ により定めることが

できる．こうしてできる写像を記号 $f|_T$ で表し，f の T への制限とよぶ[8]．$f|_T : f^{-1}(T) \to T$ である．$f|_{f^{-1}(T)} : f^{-1}(T) \to Y$ と $f|_T : f^{-1}(T) \to T$ は，$T = Y$ でなければ，値域が異なっているので，異なる写像であることに注意する[9]．

☞ 写像の相等（定義 4.13）．

写像 $f : X \to Y$，部分集合 $T \subseteq Y$，$g : T \to Z$ に関して，$f|_T$ と g の合成写像 $g \circ (f|_T) : f^{-1}(T) \to Z$ が定まる．

◆**例 4.61** 記号 $M_n(\mathbf{R})$ で n 次実正方行列の全体の集合を表す．各 $A \in M_n(\mathbf{R})$ に対して行列式 $\det(A) \in \mathbf{R}$ を考えると，写像 $\det : M_n(\mathbf{R}) \to \mathbf{R}$ が定まる．

$$S = \{A \in M_n(\mathbf{R}) \mid \det(A) \neq 0\} = \det^{-1}(\mathbf{R} \setminus \{0\})$$

とおくと，制限

$$\det|_S : S \to \mathbf{R}$$

と

$$\det|_{\mathbf{R} \setminus \{0\}} : S \to \mathbf{R} \setminus \{0\}$$

が定まる．

✔**注意 4.62** 写像 $F : X \to Y$ が写像 $f : S \to T$ の**拡張** (extension) であるとは，$S \subseteq X$ であり，$T \subseteq Y$ であり，任意の $x \in S$ に対して $F(x) = f(x)$ が成り立つときにいう．上で説明した制限の記号を用いて言い換えれば，$S \subseteq X$ であり，$T \subseteq Y$ であり，$(F|_S)|_T = f : S \to T$ ということになる．

---

[8] 定義域の部分集合 S に対して記号 $f|_S$ を使うことは標準的であるが，値域の部分集合 T に対して，記号 $f|_T$ を使うことは標準的であるとは言えないので，使う場合は，相手によく説明してから使うのがよい．(I 先生)

[9] 写像とは，定義域が定まっていて，値域が定まっていて，その上で対応規則が定まっているもののことであった．したがって，定義域や値域を狭めたものは，とりあえず別の写像と考えるべきである．

4.12 恒等写像と包含写像

X を任意の集合とする.このとき"何もしない写像" $f: X \to X$, $f(x) = x$ が考えられる.この写像を **恒等写像** (アイデンティティー, identity, identity mapping) とよび,id_X あるいは 1_X で表す.

◆**例題 4.63** 写像 $f: X \to Y$ が全単射であるための必要十分条件は,写像 $g: Y \to X$ が存在して,$g \circ f = \mathrm{id}_X$ かつ $f \circ g = \mathrm{id}_Y$ が成り立つことである.(この写像 g は f の逆写像になる.)

例題 4.63 の解答例. 命題 P を「$f: X \to Y$ が全単射である」,命題 Q を「$g: Y \to X$ が存在して,$g \circ f = \mathrm{id}_X$ かつ $f \circ g = \mathrm{id}_Y$ が成り立つ」で定める.$P \Leftrightarrow Q$ が成り立つことを示す.

$P \Rightarrow Q$: f が全単射であるので,f の逆写像 f^{-1} が考えられる.そこで,$g = f^{-1}$ とおく.すると,$g \circ f = \mathrm{id}_X$ かつ $f \circ g = \mathrm{id}_Y$ が成り立つ.よって,$P \Rightarrow Q$ が成り立つ.

$Q \Rightarrow P$: $g \circ f$ が単射だから,f は単射である.また,$f \circ g$ が全射だから,f は全射である.したがって,f は全単射である.よって,$Q \Rightarrow P$ も成り立つ.∎

X を集合とし,$S \subseteq X$ を X の部分集合とする.このとき,写像 $i_S: S \to X$ が,任意の $x \in S$ に対し,$i_S(x) = x$ により定まる.i_S を S の X への **包含写像** (インクルージョン,inclusion) とよぶ.$i_S = \mathrm{id}_X|_S$ が成り立つ.

4.13 写像と直積

写像 $f: X \to Z$ と写像 $g: Y \to W$ に対して,それぞれの定義域と値域の直積を考えて,写像

$$f \times g : X \times Y \to Z \times W$$

が,

$$(f \times g)(x, y) := (f(x), g(y))$$

により定義される.

また,（定義域が共通している）写像 $f: X \to Z$ と写像 $h: X \to W$ に対して, 写像
$$(f, h): X \to Z \times W$$
が
$$(f, h)(x) = (f(x), h(x))$$
により定義される.

直積集合 $X \times Y$ に対し, 写像 $\pi_X : X \times Y \to X$ が $\pi_X(x, y) = x$ により定まる. π_X を X への **射影** (projection) とよぶ. また, 写像 $\pi_Y : X \times Y \to Y$ が $\pi_Y(x, y) = y$ により定まる. π_Y を Y への射影とよぶ.

4.14 商写像

集合 X にある同値関係 $\sim$ が与えられると, X の各要素 x に対して, x を含む同値類 $[x]$ を対応させることができる. この対応で決まる写像を $\pi: X \to X/\sim$ で表すことにする：
$$\pi(x) := [x].$$
π は全射である. $\pi: X \to X/\sim$ は **商写像** (quotient map) とよばれる.

◆**例題 4.64** S^1 を xy-平面の単位円とし, 写像 $f: \mathbf{R} \to S^1$ を $f(t) = (\cos t, \sin t)$ で定めるとき,

(1) f は全射であることを示せ.
(2) $\forall t_1, t_2 \in \mathbf{R}, t_1 \sim t_2 \overset{\text{def.}}{\iff} f(t_1) = f(t_2)$ と定めるとき, 写像 $\bar{f}: \mathbf{R}/\sim \to S^1$ を $\bar{f}([t]) = f(t)$ で定められることを示せ.
(3) (2) で定めた写像 $\bar{f}$ が全単射であることを示せ.

例題 4.64 の解答例. (1) 任意に $(x, y) \in S^1$ をとる. $x^2 + y^2 = 1$ であるから, (x, y) が x-軸となす角を t とすれば, $x = \cos t, y = \sin t$ と表される. このとき $f(t) = (x, y)$ となる. したがって, f は全射である.

(2) $\bar{f}([t])$ が代表元 t の選び方によらずに定まることを示せばよい．$[t] = [s]$ とする．このとき $t \sim s$ だから，$\sim$ の定義により，$f(t) = f(s)$ である．よって，$\bar{f}([t])$ は代表元 t の選び方によらない．

(3) $\bar{f}$ の全射性：f が全射だから，任意の $(x, y) \in S^1$ に対し，$t \in \mathbf{R}$ が存在して，$f(t) = (x, y)$ が成り立つ．このとき，$\bar{f}([t]) = (x, y)$ が成り立つ．したがって，$\bar{f}$ は全射である．

$\bar{f}$ の単射性：$[t], [s] \in \mathbf{R}/\sim$ について，$\bar{f}([t]) = \bar{f}([s])$ とする．$\bar{f}$ の定義により，$f(t) = f(s)$ が成り立つ．同値関係 $\sim$ の定義により，$t \sim s$ である．よって，$[t] = [s]$ が成り立つ．したがって，$\bar{f}$ は単射である．

以上より，$\bar{f}$ は全単射である． ∎

✔ **注意 4.65** 単射 $i : X/\sim \to X$ で，合成 $\pi \circ i : X/\sim \to X/\sim$ が恒等写像となるようなものを"選択写像"(selection mapping) あるいは"切断"(section) とよぶ．このとき，任意の $x \in X/\sim$ に対し，$\pi(i(x)) = x$，つまり，$[i(x)] = x$ が成り立つ．すなわち，選択写像（切断）とは，各同値類 x からある代表元 $i(x)$ を 1 つずつ選択する写像である．

◆**例題 4.66** X, Y を集合とし，$f : X \to Y$ を写像とする．

(1) $P(x)$ を X を変域とする命題の族とし，

$$S = \{x \in X \mid P(x) \text{ が真}\}$$

とおく．$y \in Y$ に対して，命題 $Q(y)$ を

$$Q(y) \iff (\exists x, y = f(x) \text{ かつ } P(x))$$

により定める．このとき，

$$f(S) = \{y \in Y \mid Q(y) \text{ が真}\}$$

が成り立つことを示せ．

(2) $Q(y)$ を Y を変域とする命題の族とし，

$$T = \{y \in Y \mid Q(y) \text{ が真}\}$$

とおく．$x \in X$ に対して，命題 $P(x)$ を

$$P(x) \iff Q(f(x))$$

により定める．このとき，

$$f^{-1}(T) = \{x \in X \mid P(x) \text{ が真}\}$$

が成り立つことを示せ．

例題 4.66 の解答例． (1)

$$\begin{aligned}
f(S) &= \{y \in Y \mid (\exists x, x \in S \text{ かつ } y = f(x)) \text{ が真}\} \\
&= \{y \in Y \mid (\exists x, y = f(x) \text{ かつ } P(x)) \text{ が真}\} \\
&= \{y \in Y \mid Q(y) \text{ が真}\}
\end{aligned}$$

により，等式 $f(S) = \{y \in Y \mid Q(y) \text{ が真}\}$ が成り立つ．
(2)

$$\begin{aligned}
f^{-1}(T) &= \{x \in X \mid (f(x) \in T) \text{ が真}\} \\
&= \{x \in X \mid Q(f(x)) \text{ が真}\} \\
&= \{x \in X \mid P(x) \text{ が真}\}
\end{aligned}$$

により，等式 $f^{-1}(T) = \{x \in X \mid P(x) \text{ が真}\}$ が成り立つ． ■

✔ **注意 4.67** 上の文中で「が真」の部分は省略して書くことが多い．

4.15 集合の濃度

有限集合は，個数が求められる．要素を数えればよい．では，「要素を数える」とはどういうことか？ 要素に「背番号」をつけることだと考えればよい．それには，「全単射」という概念が有効である．

ここで歌を歌おう♪

> **数え歌**
>
> 君が1番，あなたが2番，
> 3番博士で，先生4番，
> 最後のワタシが5番です．
> みんな数えた？　数えたみんな？
> もれてないかな？　重複ないか？
> 番号飛ばさず数えたか？
> これで全員5人です．

◆**例題 4.68**　上の数え歌は，われらが5人組，R君，Oさん，N君，R博士，I先生，について，Oさんが歌っているものである．どのような集合の間の全単射について歌っているか説明せよ．

例題 4.68 の解答例．　集合 $X = \{1, 2, 3, 4, 5\}$，集合 $Y = \{$R君, Oさん, N君, R博士, I先生$\}$ とおくとき，上の数え歌は，集合 X から集合 Y での全単射を与えている．写像 $f : X \to Y$ を $f(1) = $ R君, $f(2) = $ N君, $f(3) = $ R博士, $f(4) = $ I先生, $f(5) = $ Oさん，と定めると，f は全単射となる．「番号飛ばさず数えたか」は写像 f が定義されているかどうか，「重複ないか」は f が単射であること，「みんな数えたか」「もれてないか」は f が全射かどうか，という確認である．

　逆に，写像 $g : Y \to X$ を $g($R君$) = 1$, $g($N君$) = 2$, $g($R博士$) = 3$, $g($I先生$) = 4$, $g($Oさん$) = 5$ と定めたと理解することもできる．「みんな数えたか」「もれてないか」ということは写像 g が定義されているかどうか，「重複ないか」は g が単射であること，「番号飛ばさず数えたか」は，g が全射かどうか，という確認である．　■

4.15 集合の濃度

一般の集合に関して，集合の要素の"多さ"を量る尺度として，「濃度」というものを，全単射の概念を応用して導入することができる.

定義 4.69 集合 X, Y の間にある全単射 $f : X \to Y$ が存在するとき，X と Y は **同じ濃度をもつ** (have the same cardinality) という．集合 X と Y が同じ濃度をもつとき，記号で $X \sim Y$ と表すことにする．

「濃度」は「個数」の概念の一般化である．

✔**注意 4.70** 自然数 n について，集合 $\{1, 2, \ldots, n\}$ との間に全単射が存在する集合の要素の**個数**は n である．$n = 0$ の場合は，空集合 $\emptyset$ との間に全単射が存在する集合という意味で，すなわち，空集合が相当する．

◆**例 4.71** $X = \{1, 2, \ldots, n\}$ と $Y = \{0, 1, 2, \ldots, n-1\}$ は同じ濃度をもつ．実際 $f : X \to Y$ を $f(i) = i - 1$ $(i \in S)$ とすれば f は全単射である．逆写像は $g : Y \to X$, $g(j) = j + 1$ により与えられる．

◆**例題 4.72** X, Y, Z を集合とするとき，次が成り立つことを示せ．

(1) $X \sim X$.
(2) $X \sim Y$ ならば $Y \sim X$.
(3) $X \sim Y$ かつ $Y \sim Z$ ならば $X \sim Z$.

例題 4.72 の解答例． (1) 恒等写像 $\mathrm{id}_X : X \to X$ が存在するので定義から $X \sim X$ が成り立つ．
(2) $X \sim Y$ とする．定義から，ある全単射 $f : X \to Y$ が存在する．f は全単射なので，f の逆写像 $f^{-1} : Y \to X$ が存在する．f^{-1} は全単射である．したがって，$Y \sim X$ が成り立つ．よって，$X \sim Y$ ならば $Y \sim X$ が成り立つ．
(3) $X \sim Y$ かつ $Y \sim Z$ とする．定義から全単射 $f : X \to Y$ および全単射 $g : Y \to Z$ が存在する．合成写像 $g \circ f : X \to Z$ は全単射であるから，$X \sim Z$

が成り立つ（例題 4.60 (5) 参照）．したがって，$X \sim Y$ かつ $Y \sim Z$ ならば $X \sim Z$ が成り立つ． ∎

定義 4.73 定義 4.69 において，X の $\sim$ に関する同値類を $\#(X)$ と表し，X の **濃度** (cardinality) とよぶ．

◆**例 4.74** $n = \#(\{0,1,2,\ldots,n-1\})$ と表す．集合 X のべき集合 $2^X = \{S \mid S \subseteq X\}$ の濃度 $\#(2^X)$ を $2^{\#(X)}$ で表す．
　すると，$\#(2^{\{0,1,2,\ldots,n-1\}}) = 2^{\#(\{0,1,2,\ldots,n-1\})} = 2^n$ が成り立つ．
☞ べき集合 (3.11 節)．

✔**注意 4.75** 集合 X, Y について，ある単射 $f : X \to Y$ が存在するかどうかは，X の濃度と Y の濃度だけに依存する．単射 $f : X \to Y$ が存在するとき，$\#(X) \leq \#(Y)$ と表すことにする．任意の集合 X, Y, Z について，次が成り立つ：

(1) $\#(X) \leq \#(X)$.
(2) $\#(X) \leq \#(Y)$ かつ $\#(Y) \leq \#(X)$ ならば $\#(X) = \#(Y)$.
(3) $\#(X) \leq \#(Y)$ かつ $\#(Y) \leq \#(Z)$ ならば $\#(X) \leq \#(Z)$.

(1) は id_X を考えればわかる．(3) は例題 4.60 (1) により示すことができる．(2) は，次の定理から従う．

定理 4.76 (**ベルンシュタイン (Bernstein) の定理**) X, Y を集合とする．もし，単射 $f : X \to Y$ が存在し，単射 $g : Y \to X$ が存在すれば，全単射 $h : X \to Y$ が存在する．

ベルンシュタイン (Bernstein) の定理については，参考文献 [5] などを参照のこと．

4.16　付録：数の構成

本節では，われわれが通常使っている数の構成の仕方を簡単に紹介する．

● 自然数の構成（$\mathbf{N}$ の構成）

話は何もないところから始めるのがよい．

空集合から始める．空集合 $\emptyset$ を 0 と名づける．要素の個数がゼロだから丁度よい．次に，空集合からなる集合 $\{\emptyset\}$ つまり，$\{0\}$ を 1 と名づける．$\{0\}$ の要素の個数が 1 つだから丁度よい．次に，$\{0,1\}$ を 2 と定める．したがって，$0 \in 1 \in 2$ である．次に $3 = \{0,1,2\}$ と定める．こうして，どんどん数を作っていって，自然数 k が定まったら，

$$k+1 := \{0,1,2,\ldots,k\}$$

と定める．こんな具合に，この操作を繰り返していけば自然数が得られる．

自然数には足し算が定義される．自然数 k と ℓ について，$k+\ell$ は，$\ell = 0$ のときは，$k+\ell := k$ と定め，$\ell = 1$ のときは，$k+1$ を上のように定め，$\ell = 2$ のときは，$k+2 := (k+1)+1$ と定め，一般に，$k+\ell := (k+(\ell-1))+1$ という具合に帰納的に定めるのである．

自然数の積は，$0 \times k := 0$，$1 \times k := k$，$2 \times k := k+k$，$3 \times k := 2k+k$，一般に $(\ell+1) \times k = \ell \times k + k$ という具合に定める．すると，結合則，分配則，可換則が成立する．

$\mathbf{N}$ に全順序構造も入る．$\mathbf{N}$ は和と積に関して閉じた集合になる．

$\mathbf{N}_{>0} := \mathbf{N} \setminus \{0\}$ とおく．$\mathbf{N}_{>0}$ も和と積に関して閉じた集合になる．

● 整数の構成（$\mathbf{Z}$ の構成[10]）

$\mathbf{N}$ と $\{0,1\}$ の直積集合 $\mathbf{N} \times \{0,1\}$ を考える．ここで，2 番目の成分 $\{0,1\}$ は，ただの目印として機能させる．$\mathbf{N} \times \{0,1\}$ の部分集合として，整数の全体集合を定める：

$$\mathbf{Z} := \mathbf{N} \times \{0\} \ \cup \ \mathbf{N}_{>0} \times \{1\}$$

---

[10] ドイツ語で，整数のことを ganze Zahlen とよぶ．英語に直訳すると whole number，日本語に直訳すると「全数」．英語では，integer とか integral number とよぶ．

n と $(n,0)$ を同一視し，$\mathbf{N}$ を $\mathbf{N} \times \{0\}$ と同一視する．$\mathbf{N}_{>0} \times \{1\}$ の元 $(k,1)$ を $-k$ と表す．

$-0 := 0$ と定める．

整数の加法は，$n \geq k$ のとき $n = k + \ell$ となる $\ell \in \mathbf{N}$ が一意的に存在するが，それを用いて，$n + (-k) = (-k) + n := \ell$ と定める．$n < k$ のとき，$k = n + m$ となる $m \in \mathbf{N}, m \neq 0$ が一意的に存在するが，それを用いて，$n + (-k) = (-k) + n := -m$ と定める．

負の整数 $-k$ は，自然数 k に対して，方程式 $x + k = 0$ の解 x として定めることができる．

積も自然に定められる：$n(-k) := -nk$, $(-n)(-k) = nk$ など．すると，結合則，分配則，可換則が成立する．$\mathbf{Z}$ にも全順序構造が自然に定められる．

● **有理数の構成（$\mathbf{Q}$ の構成）**

分数は同値類である．約分とは代表元の取り換えである．それを説明しよう．

整数の全体集合 $\mathbf{Z}$ と，$\mathbf{Z}$ から 0 を除いた差集合 $\mathbf{Z} \setminus \{0\}$ との直積集合 $\mathbf{Z} \times (\mathbf{Z} \setminus \{0\})$ を考え，その上に次のような同値関係を入れる：

$$(p, q) \sim (p', q') \overset{\text{def.}}{\iff} pq' = qp'.$$

この同値関係に関する商集合を有理数の全体の集合 $\mathbf{Q}$ とするのである：

$$\mathbf{Q} := \mathbf{Z} \times (\mathbf{Z} \setminus \{0\})/\sim.$$

(p, q) を含む同値類を $\dfrac{p}{q}$ で表す．

$p, q, k \in \mathbf{Z}, q \neq 0, k \neq 0$ について，$(kp, kq) \sim (p, q)$ であるので，

$$\frac{kp}{kq} = \frac{p}{q}$$

が成り立つ．$\dfrac{p}{1} = \dfrac{p'}{1}$ とすると $p = p'$ である．$\dfrac{p}{1}$ を簡単に p と表す．

有理数の和と積は

$$\frac{p}{q} + \frac{p'}{q'} := \frac{pq' + qp'}{qq'}, \quad \frac{p}{q}\frac{p'}{q'} := \frac{pp'}{qq'}$$

により定義される．$-\frac{p}{q} = \frac{-p}{q}$ である．**Q** 上の順序については，$\frac{p}{q} \geq 0$ は，$q > 0$ で $p \geq 0$ のときとし，$\frac{p}{q} \geq \frac{p'}{q'}$ を $\frac{p}{q} - \frac{p'}{q'} = \frac{pq' - qp'}{qq'} \geq 0$ として定めることができる．

● **実数の構成（R の構成）**

有理数からなる無限数列 $(a_n)_{n=1}^{\infty}$ が**コーシー列** (Cauchy sequence) であるとは，任意の $r \in \mathbf{N}_{>0}$ に対し，番号 $N \in \mathbf{N}$ が存在し，任意の $p, q \in \mathbf{N}$ について，$p \geq N, q \geq N$ ならば $|a_p - a_q| \leq \frac{1}{r}$ が成り立つときにいう．

有理数からなる無限数列 $(a_n)_{n=1}^{\infty}$ をすべて考えて，その中でコーシー列だけを取り出して考える：

$$X = \{(a_n)_{n=1}^{\infty} \mid (a_n) \text{ はコーシー列 }\}.$$

集合 X 上の同値関係を

$$(a_n) \sim (b_n) \stackrel{\mathrm{def.}}{\Longleftrightarrow} \lim_{n \to \infty} (a_n - b_n) = 0$$

により定める．このとき，

$$\mathbf{R} := X/\sim \quad \text{(商集合)}$$

と定める．つまり，実数とは有理数列の上の同値関係に関する同値類のこと，と定めるわけである．(a_n) の同値類を α で表し，

$$\lim_{n \to \infty} a_n = \alpha$$

と表す．

◆**例 4.77** $a_n = \left(1 + \frac{1}{n}\right)^n$ とする．各 a_n は有理数であり，有理数列 $(a_n)_{n=1}^{\infty}$ はコーシー列である．その同値類を e で表し，自然対数の底，あるいはネピア (Napier) の定数とよぶ．

$$\lim_{n \to \infty} \left(1 + \frac{1}{n}\right)^n = e$$

である．これが e の定義である．

$\mathbf{Q} \subsetneq \mathbf{R}$ である.

補題 4.78 (コーシー列の性質) $(a_n), (b_n)$ をコーシー列とすると, $(a_n + b_n), (a_n b_n)$ はコーシー列である. さらに $b_n \neq 0$ $(n \in \mathbf{N}_{>0})$ のとき (a_n/b_n) はコーシー列である.

代表元である有理コーシー列を適切に選ぶことによって $\mathbf{R}$ 上の加減乗除や順序が定義される. たとえば, 実数 a, b について $a \leq b$ とは, それぞれ a, b を代表する有理コーシー列 $(a_n), (b_n)$ を選んで, $a_n \leq b_n$ $(n \in \mathbf{N}_{>0})$ とできることである.

さて, $(a_n)_{n=0}^{\infty}$ を今度は実数列とする. 有理数列に関するコーシー列の定義をそのまま適用する. すなわち, 次のように定義する.

定義 4.79 (実数列に関するコーシー列の定義) 実数列 $(a_n)_{n=1}^{\infty}$ が**コーシー列**であるとは, 任意の $r \in \mathbf{N}_{>0}$ に対し, 番号 $N \in \mathbf{N}$ が存在し, 任意の $p, q \in \mathbf{N}$ について, $p \geq N, q \geq N$ ならば $|a_p - a_q| \leq \frac{1}{r}$ が成り立つときにいう.

定理 4.80 $(a_n)_{n=1}^{\infty}$ がコーシー実数列ならば, $(a_n)_{n=1}^{\infty}$ は (必ず) ある実数に収束する.

証明の概略. 各実数 a_n はコーシー列である有理数列 $(a_{nm})_{m=1}^{\infty}$ の同値類であった. このとき, 適切に代表元 $(a_{nm})_{m=1}^{\infty}$ $(n \in \mathbf{N}_{>0})$ を選べば, 有理数列 $(a_{nn})_{n=1}^{\infty}$ はコーシー有理数列となる. $(a_{nn})_{n=1}^{\infty}$ が定める実数を α とおくと, $\lim_{n \to \infty} a_n = \alpha$ となる. ∎

● **複素数の構成 (C の構成)**

$\mathbf{C} = \mathbf{R} \times \mathbf{R}$ とし, $\mathbf{C}$ に積を定める. $\mathbf{R} \times \{0\}$ を $\mathbf{R}$ と同一視し, $(a, 0)$ を a で表す. また, $(0, 1)$ を記号 i で表し, $(0, b)$ を bi と表す. すると, $(a, b) \in \mathbf{C}$

は
$$a + bi$$
と表される.実際,
$$(a, b) = (a, 0) + (0, b) = a + bi.$$
$\mathbf{C}$ の積は,
$$(a, b) \cdot (a', b') := (aa' - bb', ab' + ba')$$
により定める.言い換えると,
$$(a + bi) \cdot (a' + b'i) := aa' - bb' + (ab' + ba')i$$
と定める.この積は,結合則,分配則,交換則を満たす.

積の $\cdot$ の記号は,適宜,省略する.

複素数体 $\mathbf{C}$ の,別の構成法も見ておこう.

1 変数 x の実係数多項式全体 $\mathbf{R}[x]$ を考える:

$$\mathbf{R}[x] := \{a_0 + a_1 x + a_2 x^2 + \cdots + a_n x^n \mid a_0, a_1, a_2, \ldots, a_n \text{ は実数 }\}.$$

これには和,実数倍,積が定義できて,いわゆる $\mathbf{R}$-可換代数となる.

$f(x), g(x) \in \mathbf{R}[x]$ について,

$$f(x) \sim g(x) \overset{\text{def.}}{\iff} \exists h(x) \in \mathbf{R}[x], f(x) - g(x) = h(x)(x^2 + 1)$$

と定めると,関係 $\sim$ は $\mathbf{R}[x]$ 上の同値関係となり,商集合 $\mathbf{R}[x]/\sim$ にも $\mathbf{R}$-可換代数の構造を自然に入れることができる.

定数である多項式の同値類全体と $\mathbf{R}$ が同一視される.

多項式 $f(x) \in \mathbf{R}[x]$ の同値類を $[f(x)]$ で表すとすると,$0 = [x^2+1] = [x]^2+1$ が成り立つ.同値類 $[x]$ を i と書き,虚数単位とする.すると,$\mathbf{R}[x]/\sim$ の要素が,$a+bi$,$a, b \in \mathbf{R}$ の形に一意的に表示され,$\mathbf{C}$ と同一視することができる.

余談　ゲーデル (Gödel) の不完全性定理

I 先生　：この授業も今日でおしまいです．
一同　　：とてもわかりやすい論理と集合の授業でした．
O さん　：思わず，先生を見習って，授業中に歌を作ってしまいました．
I 先生　：突然，数え歌を歌い出すからびっくりしたよ．でも上手だったね．
O さん　：ありがとうございます．
I 先生　：さて皆さん，論理と集合については，まだまだ語るべきことも多いのですが，時間もないのでここでは控えておきましょう．一言だけ，有名な「ゲーデルの不完全性定理」に触れておきましょう．ゲーデルの不完全性定理とは「無矛盾な数論の範囲内で証明できない命題が存在する」という数学の定理です．詳細については，専門書，たとえば，[16] を参照してください．また，関連した一般書 [13] も有名です．ここでは挙げませんが，数理論理学あるいは数学基礎論に関するよい入門書も多いので，参考にするとよいでしょう．それはともかく，「ゲーデルの不完全性定理」はそれとして，通常，われわれの扱う命題の真偽は証明可能である，と私は考えて数学をやっています．そうじゃないと数学ができなくなって困るからです．命題は真であると証明できるか，そうでなければ偽であると証明できると信じてやっています．場合によっては，命題が真であるか偽であるか証明できない，ということ自体が証明できるかもしれない．．．とにかく調べれば，いずれ何かが明らかになります．わが敬愛するヒルベルト先生の有名な言葉に

　　　われわれは知らなければならない．われわれは知るであろう．

というものがあります（[14] 参照）．私は，このヒルベルト先生の楽観主義に素朴な意味で共感します．では，さようなら．

第5章

実践編・論理と集合

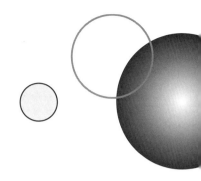

・・・何事も実践あるのみ．

「読み」「書き」「そろばん」という言葉がある．「読み」は文書を読むこと，「書き」は文書を書くこと，「そろばん」は数の計算である．これらが，少なくとも昔は基礎的スキルであった．現代ではどうだろう．現代の基礎的スキルといえば，「読み聴き」「書き話し」そして「コンピュータ」であろうか．本書では，数学の読み聴き（リーディング・リスニング），数学の書き話し（ライティング・スピーキング）の基礎を扱っている[1]．

本章では，いままで説明してきた論理と集合に関する基本をいろいろな例文で実践してみよう．

5.1 分析的数学読書術

論理記号を用いると意味がはっきりわかる．通常の言葉で書かれた文章を，数学的な意味を変えないようにして，論理記号を用いて書き換える．そうすると文章の意味をより明確に理解できるようになる．命題を自分で自在に書き換えてみることはよいことである．

ここでは，通常の文章を論理記号で書かれた命題に翻訳したり，論理的に説

---

[1] 数学の「コンピュータ」については直接は扱っていないが，本書の論理と集合に関する基礎的な解説が何らかの役に立てば望外の喜びである．

明を補足して厳密な命題に書き換えるトレーニングを行う：

論理式への翻訳．

ある数式に記号や数を代入することはよく行われる．さらに，数学の論理的説明を解読し，理解するためには，「定義を代入する」ということも時に必要になる．

定義の代入．

具体例で見てみよう．

◆例 5.1（素数の定義） 素数とは，「1 とそれ以外に約数をもたない正の整数」のことである．正の整数 n が正の整数 p の約数であるとは，$\frac{p}{n}$ が整数となるときにいう．したがって，素数の定義を論理記号などを使って書き換えると次のようになる：

$$p \text{ が素数} \stackrel{\text{def.}}{\iff} (p \in \mathbf{Z}_{>0}) \text{ かつ } (\forall n \in \mathbf{Z}_{>0}, (\tfrac{p}{n} \in \mathbf{Z} \implies n = 1 \text{ または } p)).$$

◆例 5.2

> 複素数 λ が n 次正方行列 A の固有値であるとは，$A\boldsymbol{x} = \lambda\boldsymbol{x}$ となるような零でないベクトル $\boldsymbol{x} \in \mathbf{C}^n$ が存在するときにいう．

という文章（固有値の定義）を取り上げて論理式に翻訳してみよう．まず，定義の条件の部分を論理記号を使って表すと，たとえば，

$$\exists \boldsymbol{x}(\boldsymbol{x} \in \mathbf{C}^n, \boldsymbol{x} \neq \boldsymbol{0}), A\boldsymbol{x} = \lambda\boldsymbol{x}$$

となる．カッコの中のコンマは，かつ，という意味である．書き換え方は一通りではない．別の表現をすると，

$$\exists \boldsymbol{x}, (\boldsymbol{x} \in \mathbf{C}^n) \wedge (\boldsymbol{x} \neq \boldsymbol{0}) \wedge (A\boldsymbol{x} = \lambda\boldsymbol{x})$$

となる．2 つの命題は同値な命題である．したがって，固有値の定義を論理記号を使って書き換えると，

複素数 λ が n 次正方行列 A の固有値
$\stackrel{\text{def.}}{\iff} \exists \boldsymbol{x}(\boldsymbol{x} \in \mathbf{C}^n, \boldsymbol{x} \neq \boldsymbol{0}), A\boldsymbol{x} = \lambda \boldsymbol{x}$
$\iff \exists \boldsymbol{x}, (\boldsymbol{x} \in \mathbf{C}^n) \wedge (\boldsymbol{x} \neq \boldsymbol{0}) \wedge (A\boldsymbol{x} = \lambda \boldsymbol{x})$

となる.

演習問題 5.3 A を $m \times n$ 型行列とする.「連立 1 次方程式 $A\boldsymbol{x} = \boldsymbol{0}$ が自明な解のみをもつ」とは,この方程式を満たす n 次ベクトル $\boldsymbol{x} \in \mathbf{R}^n$ は零ベクトル $\boldsymbol{0}$ しかないときにいう.この定義を,$\forall$ や $\Rightarrow$ などの論理記号を使って書き換えてみよ.

演習問題 5.4 「任意の実係数 3 次方程式 $x^3 + ax^2 + bx + c = 0$ は少なくとも 1 つの実数解をもつ.」この定理を論理記号 $\forall, \exists$ などを使って書き換えてみよ.

線形代数の教科書から例題を示す.

◆**例題 5.5** 論理記号を用いて次の定理を書き換えよ.また,定義を代入してさらに書き換えよ.

> **定理 1.9** L を数ベクトル空間 V の部分空間とする.L の基底のベクトルの個数は基底のとり方によらず一定である.([9], 12 ページ)

例題 5.5 の解答例. 定理を分析する.定理を分解して,

命題 $P(L)$: L は数ベクトル空間 V の部分空間である.
命題 $Q(L)$: L の基底のベクトルの個数は基底のとり方によらず一定である.

とおく.すると,定理は
$$\forall L(P(L)), Q(L)$$
あるいは,
$$\forall L,\ P(L) \Rightarrow Q(L)$$
という形をしている.ともかく,L に関する命題である.

命題 $P(L)$ の方は,「数ベクトル空間」という言葉の意味と,「部分空間」の定義がわかれば内容がわかる.

次に命題 $Q(L)$ に注目しよう．L の基底とは，L に属するベクトルの組 $\boldsymbol{v}_1, \boldsymbol{v}_2, \ldots, \boldsymbol{v}_\ell$ であって，一次独立であり，L を一次結合によって生成するものを意味する．ℓ がベクトルの個数である．基底のとり方は沢山ある．しかし，そのベクトルの個数は一定である，つまり，L の別の基底 $\boldsymbol{v}'_1, \boldsymbol{v}'_2, \ldots, \boldsymbol{v}'_{\ell'}$ に対して，$\ell' = \ell$ となる，という主張である．したがって，命題 $Q(L)$ を書き換えると，

$$((\boldsymbol{v}_1, \boldsymbol{v}_2, \ldots, \boldsymbol{v}_\ell \text{ が } L \text{ の基底 }) \wedge (\boldsymbol{v}'_1, \boldsymbol{v}'_2, \ldots, \boldsymbol{v}'_{\ell'} \text{ が } L \text{ の基底 })) \Longrightarrow \ell' = \ell$$

となる．もちろん書き換え方は一通りではない．たとえば，命題 $Q(L)$ は，

$$\exists \ell \in \mathbf{N}, (L \text{ の基底のベクトルの個数は } \ell \text{ に等しい．})$$

あるいは，

$$\exists \ell \in \mathbf{N}, \forall B(B \text{ は } L \text{ の基底}), B \text{ のベクトルの個数は } \ell \text{ である．}$$

でも同じ意味である．

以上の考察から，定理を次のように書き換えることができる：

> 数ベクトル空間 V の任意の部分空間 L について，$\boldsymbol{v}_1, \boldsymbol{v}_2, \ldots, \boldsymbol{v}_\ell$ が L の基底であり，$\boldsymbol{v}'_1, \boldsymbol{v}'_2, \ldots, \boldsymbol{v}'_{\ell'}$ が L の基底ならば，$\ell' = \ell$ である．

■

◆**例題 5.6** 高木貞治先生の『解析概論』の中の次の定理を詳しく書き換えよ．

> **定理 8.** 数列 $\{a_n\}$ が収束するために必要かつ十分なる条件は，任意の $\varepsilon > 0$ に対応して番号 n_0 が定められて，
>
> $$p > n_0, q > n_0 \text{ なるとき } |a_p - a_q| < \varepsilon$$
>
> なることである．（[10], 11 ページ）

例題 5.6 の解答例． 命題 P を「数列 $\{a_n\}$ が収束する」とする．なお，命題 P は "変数" $\{a_n\}$ に依存するので，正確には，$P(\{a_n\})$ と書くべきところを略記している．同様に，命題 Q を「任意の $\varepsilon > 0$ に対応して番号 n_0 が定められて，$p > n_0, q > n_0$ なるとき $|a_p - a_q| < \varepsilon$」とおく．このとき，定理は，

$$\forall \{a_n\}, P \Leftrightarrow Q$$

という構造をしている．命題 P は，書き換えると，「ある実数 a が存在して，$\lim_{n \to \infty} a_n = a$」となる．これでよいが，より詳しく，命題 P を収束性の定義に従って論理記号を多用して ε-N 論法も用いて書き換えてみると，「$\exists a \in \mathbf{R}, \forall \varepsilon > 0, \exists N \in \mathbf{N}, \forall n \in \mathbf{N}, N < n \Longrightarrow |a_n - a| < \varepsilon$」となる．命題 Q を書き換えると，

「$\forall \varepsilon > 0, \exists n_0 \in \mathbf{N}, \forall p \in \mathbf{N}, \forall q \in \mathbf{N}, (p > n_0) \wedge (q > n_0) \Longrightarrow |a_p - a_q| < \varepsilon$」

となる．したがって，定理の書き換えの一例は，「$\forall \{a_n\}, (\exists a \in \mathbf{R}, \forall \varepsilon > 0, \exists N \in \mathbf{N}, \forall n \in \mathbf{N}, N < n \Longrightarrow |a_n - a| < \varepsilon) \Longleftrightarrow (\forall \varepsilon > 0, \exists n_0 \in \mathbf{N}, \forall p \in \mathbf{N}, \forall q \in \mathbf{N}, (p > n_0) \wedge (q > n_0) \Longrightarrow |a_p - a_q| < \varepsilon)$」である． ∎

次も『解析概論』からの引用である．

◆例題 5.7 2 変数関数 $f = f(x, y)$ に関する次の定理を詳しく書き換えよ．

> **定理 27.** 或る領域において f_{xy}, f_{yx} が連続ならばその領域で $f_{xy} = f_{yx}$．([10], 57 ページ)

例題 5.7 の解答例． まず，「或る領域」をどう解釈するか，ここでは $\exists$ ではなく $\forall$ と解釈すべきである．「xy-平面の任意の領域」の意味であると解釈するのが正しい．領域に名前をつけておくとよい：「xy-平面の任意の領域 D」としよう．命題 $P = P(D)$ を「D において f_{xy} と f_{yx} が連続」と定める．ちなみに，f_{xy} は f の 2 階偏導関数であり，x で微分してから y で微分したもの $f_{xy} = \frac{\partial}{\partial y} \frac{\partial f}{\partial x}$ である．命題 $Q = Q(D)$ を「D において $f_{xy} = f_{yx}$」とする．

すると，定理は，「xy-平面の任意の領域 D について，D において f_{xy} と f_{yx} が連続，ならば，D において $f_{xy} = f_{yx}$」と書き換えられる． ∎

ミルナー先生の英語の本からの引用文から例題：

◆**例題 5.8** 次の定理（補題）を詳しく解釈せよ．

> Lemma 2.2 (Lemma of Morse). Let p be a non-degenerate critical point for f. Then there is a local coordinate system $(y^1, \ldots, y^n)$ in a neighborhood U of p with $y^i(p) = 0$ for all i and such that the identity
> $$f = f(p) - (y^1)^2 - \cdots - (y^\lambda)^2 + (y^{\lambda+1})^2 + \cdots + (y^n)^2$$
> holds throughout U, where λ is the index of f at p. ([11], page 6)

例題 5.8 の解答例． a non-degenerate critical point は非退化な臨界点，a local coordinate system は局所座標系，a neighborhood は近傍，the identity は等式，the index は指数，という意味である．Let A B は命令形で，「A を B とせよ」という用法，for 〜 は，「〜 についての」とか，of 〜 と同じく，「〜 の」という意味，Then は，「このとき」という意味，for all は ∀ の意味，holds は自動詞で，「成り立つ」という意味，where はこの場合，「ただし」という意味である．したがって，和訳すると，

> 補題 2.2 (モースの補題)．p を f についての非退化な臨界点とする．このとき，p の近傍 U における局所座標系 $(y^1, \ldots, y^n)$ で，任意の i に対し，$y^i(p) = 0$ となり，
> $$f = f(p) - (y^1)^2 - \cdots - (y^\lambda)^2 + (y^{\lambda+1})^2 + \cdots + (y^n)^2$$
> が成り立つようなものがある．ただし λ は p での f の指数である．

となる．言い回しはいろいろある．たとえば，

> 補題 2.2 (モースの補題)．p を f についての非退化な臨界点とする．このとき，p の近傍 U において，任意の i に対し，$y^i(p) = 0$ という条件を満たす局所座標系 $(y^1, \ldots, y^n)$ が存在して，
> $$f = f(p) - (y^1)^2 - \cdots - (y^\lambda)^2 + (y^{\lambda+1})^2 + \cdots + (y^n)^2$$
> が成り立つ．ここで，λ は p での f の指数である．

と訳しても同じ主張になる． ∎

演習問題 5.9

> 定理．実数値関数 $f(x)$ が $a \in \mathbf{R}$ において微分可能ならば，$f(x)$ は a において連続である．

について，次の問に答えよ．

(1) この定理は少し詳しく書くと「任意の実数 a と，a を含む開区間で定義された任意の実数値関数 $f(x)$ について，P ならば Q が成り立つ」という形の命題になっている．前提の命題 P と結論の命題 Q として適当な命題をそれぞれ書き下せ．

(2) 定理に現れる記号 f を g に，a を b にそれぞれ取り換えて書き下せ．（書き換えた命題は，定理と同値な命題，つまり，真偽をともにする命題である．）

(3) 次の説明は正しいかどうか述べよ．「$a \in \mathbf{R}$ において微分可能でないような実数値関数 $f(x)$ が存在するので，『任意の実数値関数 $f(x)$ は $a \in \mathbf{R}$ において微分可能』という命題は偽であり，したがって，上の定理は偽である．」（この説明に誤りがあるとすると，どの部分が誤りか？）

(4) 定理の前提と結論を入れ換えた命題，すなわち，定理の逆を書き下せ．（書き換えた命題は，定理とは同値でない命題である．）また，定理の前提を結論の否定に，結論を前提の否定に，それぞれ取り換えた命題を書き下せ．（「対偶」である．これは定理と同値な命題である．）

(5)「$f(x)$ が a で微分可能である」を定義に従い書き換えると「$\exists c \in \mathbf{R}, \lim_{x \to a} \dfrac{f(x) - f(a)}{x - a} = c$」となる．「$f(x)$ が a で連続である」を定義に従い書き換えると「$\lim_{x \to a} f(x) = f(a)$」

となる．定理を定義に従い書き換えよ．（書き換えた命題は，定理と同値な命題である．）

(6)「$f(x)$ が a で微分可能である」の定義をより詳しく述べると，「$\exists c \in \mathbf{R}, \forall \varepsilon > 0, \exists \delta > 0, 0 < |x-a| < \delta \implies \left|\dfrac{f(x)-f(a)}{x-a} - c\right| < \varepsilon$」となる．また，「$f(x)$ が a で連続である」の定義を詳しく述べると，「$\forall \varepsilon > 0, \exists \delta > 0, |x-a| < \delta \implies |f(x)-f(a)| < \varepsilon$」となる．この説明をもとに，定理をより詳しく書き換えよ．（書き換えた命題は，定理と同値な命題である．）

(7) 次の文章の空白の文字を正しく埋めよ．

> 定理を証明するためには，____ を仮定して，____ を導けばよい．したがって，上の定理を証明するためには，$f(x)$ が a で _____ であると仮定して，$f(x)$ が a で _____ であることを示せばよい．

演習問題 5.10 次の命題を英訳してみよ．

(1) $a = 1$ ならば $a^2 = 1$．
(2) x が整数ならば $x+1$ は整数である．
(3) x が整数ならば $2x$ は偶数[2]である．
(4) x が実数ならば x^2 は非負実数[3]である．

整数は英語で integer という．

演習問題 5.11 次の英文で書かれた命題を $\forall, \exists$ などの論理記号を用いて書き直してみよ．また，命題の真偽を確認せよ．

(1) For any integer k, there exists an integer m such that $k \leq m$.
(2) There exists an integer m such that, for any integer k, $k \leq m$.

研究問題 5.12 自分の好きな定理を取り上げて，その定理を，論理記号を用いて詳しく書き換えてみよ．

---

[2] 英語では even number.
[3] non-negative real number.

5.2 有名な予想

いろいろな有名な数学の予想 (conjecture) を論理記号で書き換えてみよう．ただし，予想を書き換えたからといって，その予想が解決できるわけではない．予想の神髄や数学的意義がすぐにわかるようになるわけでもない．もちろんそうだ．しかし，有名な予想を書き換えてみることは，最先端の数学に触れる，よい機会になると考える．

ゴールドバッハ (Goldbach) の予想

> 4 以上のすべての偶数は素数 2 つの和として表すことができる．

この予想は，2015 年現在，未解決である．

ゴールドバッハの予想の主張を，論理記号を使ったり，定義を代入したりして，書き換えてみよう．

4 以上のすべての偶数は，k を $k \geq 2$ である整数とするとき，$2k$ と表される．$2k$ に対して，ある 2 つの素数 p, q が見つかって，$p + q$ が $2k$ に等しい，というのがゴールドバッハの予想の主張だから，それを書き換えると，

$$\forall k \in \mathbf{Z}, k \geq 2 \implies \exists p, q \ (p, q \text{ は素数}), 2k = p + q$$

あるいは，「$\forall k(k \in \mathbf{Z}, k \geq 2), \exists p, q \ (p, q \text{ は素数}), 2k = p + q$」となる．

ゴールドバッハの予想の反例とは何か．ゴールドバッハの予想の主張の否定命題は，

$$\exists k \in \mathbf{Z}, (k \geq 2) \text{ かつ } (\forall p, q \ (p, q \text{ は素数}), 2k \neq p + q)$$

である．そのような k，あるいは問題の偶数 $2k$ があるとすれば反例となる．

フェルマ (Fermat) の予想　(ワイルス (Wiles) の定理)

> 3 以上の自然数 n について，
> $x^n + y^n = z^n$ となる正の整数の組 (x, y, z) は存在しない．

フェルマの予想の主張を論理記号を使って書き換えてみると，

$\forall n(n \in \mathbf{Z}, n \geq 3), \forall x, y, z(x, y, z \in \mathbf{Z}, x > 0, y > 0, z > 0), x^n + y^n \neq z^n$

となる．否定命題は，

$\exists n(n \in \mathbf{Z}, n \geq 3), \exists x, y, z(x, y, z \in \mathbf{Z}, x > 0, y > 0, z > 0), x^n + y^n = z^n$

である．したがって，フェルマの予想の主張の反例は，$x^n + y^n = z^n$ を満たす，3 以上の整数 n と正の整数 x, y, z のことである．しかし，そのような反例が存在しないことをワイルスが証明したわけである．

ポアンカレ (Poincaré) の予想　(ペレリマン (Perel'man) の定理)

専門用語や内容の詳しい説明はしないが，ポアンカレの予想は次の主張である：

> 単連結な 3 次元位相閉多様体は 3 次元球面と同相である．

ポアンカレの予想の主張を言い換えれば，

　　　任意の位相多様体 M が 3 次元かつ単連結かつ閉多様体ならば，
　　　　　　M は 3 次元球面と同相である．

である．ここでは，主語 M を補って，わかりやすく表現し直した[4]．否定命題は，

　　　3 次元かつ単連結かつ閉な位相多様体 M であって，
　　　　　3 次元球面と同相でないものが存在する．

---

[4] 詳しい説明は専門書に任せるが，位相多様体とは，位相空間であって，各点がユークリッド空間と同相なもののこと，単連結とは，その空間の上の閉曲線が 1 点に連続的に収縮できること，閉多様体とはコンパクトで境界がないこと，同相とは，連続な全単射で逆写像も連続なものがあること，とさかのぼって説明できる．

となる．ポアンカレの予想は，ペレリマンにより肯定的に解決されている（反例は存在しない）．

リーマン (Riemann) 仮説

> ゼータ関数 $\zeta(z)$ の自明でない零点の実部は $\frac{1}{2}$ である．

この仮説（予想）は，2015 年現在，未解決である．

ゼータ関数 $\zeta(z)$ の自明な零点とは，$z = -2, -4, -6, \ldots$ である．リーマン仮説の主張を書き換えると，

$$\forall z, ((z \in \mathbf{C}) \wedge (\zeta(z) = 0) \wedge (z \notin \{-2, -4, -6, \ldots\})) \Longrightarrow (\Re(z) = \frac{1}{2})$$

と表現される．したがって，リーマン仮説の反例とは，あるとすれば，$\zeta(z) = 0$ かつ $z \notin \{-2, -4, -6, \ldots\}$ であり，かつ，実部 $\Re(z)$ が $\frac{1}{2}$ に等しくないような複素数のことである．

5.3 創造的模倣

命題を論理的に分析できたら，次は証明である．証明を考えられるようになるためには，まず，既存の証明を真似てみることも方法の1つである．ここでは，真似ることで新しい事実を発見するトレーニングをする[5]．

◆**例題 5.13** 初等整数論の基本定理（素因数分解の一意性）を用いて，$\sqrt{5}$ が無理数であることを示せ．

例題 5.13 の解答例． $\sqrt{5}$ が有理数であると仮定する．有理数の定義から整数 a, b（ただし $a \neq 0$）が存在して，$\sqrt{5} = \frac{b}{a}$ が成り立つ．このとき，$\sqrt{5}a = b$ である．両辺を 2 乗して，$5a^2 = b^2$ となる．$a = 2^m 3^n 5^\ell \cdots, b = 2^s 3^t 5^u \cdots$

---

[5] 無論，このようなトレーニングは，本書だけでは全然足りない．継続した数学の学習・研究が必須である．

と素因数分解[6]する．ここで，$m, n, \ell, s, t, u, \ldots$ は 0 以上の整数である．すると，$5a^2 = 2^{2m}3^{2n}5^{2\ell+1}\cdots$, $b^2 = 2^{2s}3^{2t}5^{2u}\cdots$ となり，素因数分解の一意性から，$2\ell + 1 = 2u$ となる．$1 = 2(u - \ell)$，したがって，1 が偶数ということになって，矛盾が導かれる．したがって，背理法により，$\sqrt{5}$ が無理数であることが示された． ∎

演習問題 5.14 初等整数論の基本定理（素因数分解の一意性）を用いて，$\sqrt[3]{9}$ が無理数であることを示せ．ただし，$\sqrt[3]{9}$ は 3 乗すると 9 になる実数を表す．

◆**例題 5.15** 素数が無限にあることを示せ．

例題 5.15 の解答例. 背理法により証明する．素数が無限ではなく有限個であったと仮定する．仮に N 個の素数しか存在しないとする．$p_1, p_2, \ldots, p_N$ がすべての素数を尽くしているとする．このとき，$P = p_1 \cdot p_2 \cdots p_N + 1$ とおく．P は $p_1, p_2, \ldots, p_N$ のどれとも等しくない．また，$p_1, p_2, \ldots, p_N$ のどれでも割り切ることができない．したがって，P は素数である．これは，$p_1, p_2, \ldots, p_N$ がすべての素数を尽くしていることに矛盾する．したがって，素数は無限にある． ∎

演習問題 5.16 任意の相異なる素数 $p_1, p_2, \ldots, p_N$ に対して，$P = p_1 \cdot p_2 \cdots p_N + 1$ の素因数分解に $p_1, p_2, \ldots, p_N$ 以外の素数が現れることを示せ．このことを用いて素数が無限にあることを示せ．

◆**例題 5.17** 次の命題の真偽を確かめよ．

(1) $\mathrm{P} : \forall a \in \mathbf{R}, \forall \varepsilon > 0, \exists \delta > 0, \forall x, (|x - a| < \delta) \Longrightarrow (|x^2 - a^2| < \varepsilon)$.
(2) $\mathrm{Q} : \forall \varepsilon > 0, \exists \delta > 0, \forall a \in \mathbf{R}, \forall x \in \mathbf{R}, (|x - a| < \delta) \Longrightarrow (|x^2 - a^2| < \varepsilon)$.

例題 5.17 の解答例. (1) 命題 P は真である[7]．次の通りに証明される：$a \in \mathbf{R}$

---
[6] 整数を素数の積に分解することを指す．分解に必要な各素数のべきの数は一意的である．この事実は初等整数論の基本定理，あるいは，素因数分解の一意性，とよばれる．
[7] この命題は，関数 x^2 が $\mathbf{R}$ 上連続であることを意味していて，正しい．

と $\varepsilon > 0$ が任意に与えられた後は，$\delta > 0$ を $\delta = \sqrt{\varepsilon + |a|^2} - |a|$ とすると，$|x - a| < \delta$ をみたす x に対して

$$\begin{aligned}
|x^2 - a^2| &= |x - a||(x - a) + 2a| \\
&\leq |x - a|(|x - a| + 2|a|) \\
&< \delta(\delta + 2|a|) \\
&= \left(\sqrt{\varepsilon + |a|^2} - |a|\right)\left(\sqrt{\varepsilon + |a|^2} + |a|\right) \\
&= \left(\varepsilon + |a|^2\right) - |a|^2 = \varepsilon
\end{aligned}$$

となる．

(2) 命題 Q は偽である[8]．

Q が真であると仮定して，矛盾を導く．任意の $\varepsilon > 0$ に対し，$\delta > 0$ が存在し，任意の $a, x \in \mathbf{R}$ に対して，$|x - a| < \delta$ ならば $|x^2 - a^2| < \varepsilon$ が成り立つと仮定しよう．任意に $\varepsilon > 0$ をとり，それに応じて，存在するはずの $\delta > 0$ をとる．特に，$a = \frac{\varepsilon}{\delta}, x = a + \frac{\delta}{2}$ とする．すると，$|x - a| = \frac{\delta}{2} < \delta$ であるが，$|x^2 - a^2| = |x - a||2a + (x - a)| = \frac{\delta}{2}|\frac{2\varepsilon}{\delta} + \frac{\delta}{2}| = \frac{\delta}{2}(\frac{2\varepsilon}{\delta} + \frac{\delta}{2}) = \varepsilon + \frac{\delta^2}{4} > \varepsilon$ となり矛盾が導かれる．したがって，命題 Q は偽である[9]．∎

(2) の別解．命題 Q の否定命題 $\overline{Q}$ が真であることを示す．$\overline{Q}$ は，$\exists \varepsilon > 0, \forall \delta > 0, \exists a \in \mathbf{R}, \exists x \in \mathbf{R}, (|x - a| < \delta) \land (|x^2 - a^2| \geq \varepsilon)$ である．たとえば，$\varepsilon = 1$ とおき，任意の $\delta > 0$ に対して，$a = \frac{1}{\delta}, x = a + \frac{\delta}{2}$ とおけば，$|x - a| = \frac{\delta}{2} < \delta$ かつ $|x^2 - a^2| = 1 + \frac{\delta^2}{4} \geq 1$ となり，$\overline{Q}$ が成り立つ．したがって，Q は偽である．∎

演習問題 5.18 次の命題の真偽を確かめよ．

(1) P : $\forall a \in \mathbf{R}, \forall \varepsilon > 0, \exists \delta > 0, \forall x, (|x - a| < \delta) \Longrightarrow (|x^3 - a^3| < \varepsilon)$.
(2) Q : $\forall \varepsilon > 0, \exists \delta > 0, \forall a \in \mathbf{R}, \forall x \in \mathbf{R}, (|x - a| < \delta) \Longrightarrow (|x^3 - a^3| < \varepsilon)$.

研究問題 5.19 自分の好きな定理を取り上げて，その定理の前提あるいは結論を少しだけ変えてみよ．定理の証明を参考にしながら，その新しい命題を証明してみよ．あるいは，新しい命題の反例を作ってみよ．

---

[8]この命題は，関数 x^2 が $\mathbf{R}$ 上「一様連続」であることを意味していて，正しくない．
[9]$f(x) = x^2$ は遠くにいけばだんだんグラフの傾きが大きくなっていくから，一様連続でないのは明らかだね．(I 先生)

まあまあ．直観的なセンスも大切ですが，緻密な論証をしていくのも大切ですよ．(R 博士)

余談　数学者のタイプ

I 先生　：数学者は2つのタイプに分けられる．
R 博士　：個性のある人がたくさん居ますけどね…
I 先生　：プロブレム・メーカーとプロブレム・ソルバーである．
O さん　：プロブレム・メーカーって，いろいろ問題を起こして周囲を困らせる人のことですか？
I 先生　：確かにそういう人もたくさん居て，それはそれで大事な存在だが，ここで言っているのは，いろいろ問題を起こして周囲を困らせる人，という意味ではない．
R 君　　：どういう意味ですか？
I 先生　：プロブレム・メーカーは，数学の新しい問題を提起して，数学の発展に貢献する人のことだよ．一方，プロブレム・ソルバーは，問題の解決をする人．
R 博士　：なるほど．
I 先生　：数学の学び始めでは，もちろん，与えられた問題をそのまま解くわけだが，そのうち，問題を"変形"したり，与えられた問題から新しい問題を作って，それを解いたりする．与えられた問題を解くために，必要な道具を新しく整備して新しい理論を作ることもある．問題を1つ解けば，未解決の問題が新たに10見つかる．数学者には数学の問題を作るのが得意な人と数学の問題を解くのが得意な人の2種類がいて，そして，2種類の数学者が両方必要である．もちろん，その両方ができるとなおよい．
N 君　　：ちょっと無理だな．
I 先生　：そう言わずに，数学の問題を作ったり解決したりして，皆さんどんどん活躍してください．
一同　　：は〜い．

演習問題の解答例

第1章

演習問題 1.10 の解答例. (1) 前提は「この本を読んだ」，結論は「数学のわかり方がわかる」．
(2) 前提は「この本を最後まで読まなかった」，結論は「後悔する」．
(3) 前提は「数学をよく勉強した」，結論は「充実した人生を送ることができる」．
　ちなみに，この本を読まなかったら，命題 (1) は正しい．この本を最後まで読んだら，命題 (2) は正しい．数学をよく勉強しなかったら，命題 (3) は正しい． ∎

演習問題 1.46 の解答例. n を任意とし，m に関する帰納法で示す．$m = 1$ のときは，両辺が $\sum_{j=1}^{n} a_{1j}$ となり等しい．$m = k$ のとき成り立つとする．すると，$\sum_{i=1}^{k+1}(\sum_{j=1}^{n} a_{ij}) = \sum_{i=1}^{k}(\sum_{j=1}^{n} a_{ij}) + \sum_{j=1}^{n} a_{k+1,j} = \sum_{j=1}^{n}(\sum_{i=1}^{k} a_{ij}) + \sum_{j=1}^{n} a_{k+1,j} = \sum_{j=1}^{n}(\sum_{i=1}^{k} a_{ij} + a_{k+1,j}) = \sum_{j=1}^{n}(\sum_{i=1}^{k+1} a_{ij})$ となるので，$m = k+1$ の場合も成り立つ．したがって，任意の m, n について等式が示された． ∎

第2章

演習問題 2.20 の解答例.

P	Q	$P \wedge Q$	$(P \wedge Q) \wedge Q$
T	T	T	T
T	F	F	F
F	T	F	F
F	F	F	F

よって，真偽が一致する． ∎

別解. 例題 2.19 (2) より，$(P \wedge Q) \wedge Q \iff P \wedge (Q \wedge Q)$．例題 2.19 (1) より，$P \wedge (Q \wedge Q) \iff P \wedge Q$．よって，$(P \wedge Q) \wedge Q \iff P \wedge Q$． ∎

演習問題 2.28 の解答例. 真偽表を書き出すことにより，成り立つことがわかる：

P	Q	$P \vee Q$	$Q \vee P$	$(P \vee Q) \Leftrightarrow (Q \vee P)$
T	T	T	T	T
T	F	T	T	T
F	T	T	T	T
F	F	F	F	T

∎

演習問題 2.30 の解答例. 真偽表を書いて調べる．

P	Q	$P \vee Q$	$(P \vee Q) \vee Q$
T	T	T	T
T	F	T	T
F	T	T	T
F	F	F	F

このように，真偽が一致しているので，$P \vee Q$ と $(P \vee Q) \vee Q$ は同値である． ∎

別解．例題 2.29 (2) より，$(P \vee Q) \vee Q \iff P \vee (Q \vee Q)$ が成り立つ．例題 2.29 (1) より，$P \vee (Q \vee Q) \iff P \vee Q$ が成り立つ．したがって，$(P \vee Q) \vee Q \iff P \vee Q$ が成り立つ． ∎

演習問題 2.33 の解答例. 真偽表で確認する：
(1)

P	Q	$P \wedge Q$	$(P \wedge Q) \vee P$
T	T	T	T
T	F	F	T
F	T	F	F
F	F	F	F

こうして，$(P \wedge Q) \vee P$ と P の真偽が一致することがわかる．
(2)

P	Q	$P \vee Q$	$(P \vee Q) \wedge P$
T	T	T	T
T	F	T	T
F	T	T	F
F	F	F	F

こうして，$(P \vee Q) \wedge P$ と P の真偽が一致することがわかる． ∎

演習問題 2.39 の解答例． 下のように真偽表を書くと，あらゆる場合に，$P \vee (\overline{P} \wedge Q)$ と $P \vee Q$ は真偽が一致している．

P	Q	$\overline{P}$	$\overline{P} \wedge Q$	$P \vee (\overline{P} \wedge Q)$	$P \vee Q$
T	T	F	F	T	T
T	F	F	F	T	T
F	T	T	T	T	T
F	F	T	F	F	F

別解． 定理 2.27 と定理 2.31 により，$P \vee (\overline{P} \wedge Q) \iff (\overline{P} \wedge Q) \vee P \iff (\overline{P} \vee P) \wedge (Q \vee P)$ である．定理 2.37 により，$\overline{P} \vee P$ は常に真だから，$(\overline{P} \vee P) \wedge (Q \vee P)$ の真偽と $Q \vee P$ の真偽は一致する．よって，$(\overline{P} \vee P) \wedge (Q \vee P) \iff Q \vee P \iff P \vee Q$ が成り立つ．したがって，$P \vee (\overline{P} \wedge Q)$ と $P \vee Q$ は同値である．

演習問題 2.42 の解答例． (1) カレーを食べないか，または，カツを食べない．
(2) カレーを食べない，かつ，カツを食べない．

演習問題 2.45 の解答例． 真偽表を書いても示すことができるが，次の式変形によって示される：
$$\overline{P \Rightarrow Q} \iff \overline{\overline{P} \vee Q} \iff \overline{\overline{P}} \wedge \overline{Q} \iff P \wedge \overline{Q}.$$

演習問題 2.46 の解答例． (1) カツカレーを食べ，かつ，カレーを食べない．
(2) カレーを食べ，かつ，カツカレーを食べない．

演習問題 2.47 の解答例．

P	Q	$P \wedge Q$	$\overline{P}$	$\overline{Q}$	$\overline{P} \wedge \overline{Q}$	R	$\overline{R}$
T	T	T	F	F	F	T	F
T	F	F	F	T	F	F	T
F	T	F	T	F	F	F	T
F	F	F	T	T	T	T	F

演習問題 2.53 の解答例． (1) 対偶：$f(x)$ が $x = a$ で連続でないならば，$f(x)$ は $x = a$ で微分可能でない．
　逆：$f(x)$ が $x = a$ で連続ならば，$f(x)$ は $x = a$ で微分可能である．
(2) 対偶：$r + \alpha$ が無理数でないならば，r が有理数でないか，または α が無理数でない．（言い換えると，$r + \alpha$ が有理数ならば，r が無理数か，または α が有理数である．）
　逆：$r + \alpha$ が無理数ならば，r が有理数で α が無理数である．

演習問題 2.56 の解答例. 命題 $(P \Rightarrow (Q \Rightarrow R)) \Rightarrow (P \Rightarrow R)$ を M とおいて, 真偽表を書く.

P	Q	R	$Q \Rightarrow R$	$P \Rightarrow (Q \Rightarrow R)$	$P \Rightarrow R$	M
T	T	T	T	T	T	T
T	T	F	F	F	F	T
T	F	T	T	T	T	T
T	F	F	T	T	F	F
F	T	T	T	T	T	T
F	T	F	F	T	T	T
F	F	T	T	T	T	T
F	F	F	T	T	T	T

すると, P が真で, Q と R が偽であるとき, そのときに限り, M が偽である. ∎

演習問題 2.70 の解答例. (1) $\exists y \in \mathbf{R}, y^2 = x$ は, $\exists y, (y \in \mathbf{R}) \wedge (y^2 = x)$ と同値だから, $P(x, y)$ を命題 $(y \in \mathbf{R}) \wedge (y^2 = x)$ とすればよい.
(2) 命題 $R(x)$ を $x \in \mathbf{R}, x \geq 0$ と定めると, 与えられた命題は, $\forall x(R(x)), \exists y, P(x, y)$ の形をしている. この命題は $\forall x, (R(x) \Rightarrow (\exists y, P(x, y)))$ と同値である. したがって, $Q(x)$ を命題 $R(x) \Rightarrow (\exists y, P(x, y))$, すなわち,

$$(x \in \mathbf{R}, x \geq 0) \Rightarrow (\exists y, (y \in \mathbf{R}) \wedge (y^2 = x))$$

とすればよい. ($Q(x)$ の真偽は x だけに依存していることに注意する.) ∎

演習問題 2.75 の解答例. (1) $\forall \varepsilon > 0, \exists N \in \mathbf{N}, \forall n \in \mathbf{N}, N < n \Rightarrow \frac{1}{n} < \varepsilon$.
(2) $\exists N \in \mathbf{N}, \forall \varepsilon > 0, \forall n \in \mathbf{N}, N < n \Rightarrow \frac{1}{n} < \varepsilon$.
(3) $\forall y > 0, \exists x > 0, (y = x^2) \wedge (y = x^3)$.
(4) $\forall y > 0, (\exists x > 0, y = x^2) \wedge (\exists x' > 0, y = (x')^3)$. ∎

演習問題 2.79 の解答例. (1) $\overline{(P \wedge Q) \vee P} \vee P \iff (\overline{P \wedge Q} \wedge \overline{P}) \vee P \iff ((\overline{P} \vee \overline{Q}) \wedge \overline{P}) \vee P \iff ((\overline{P} \vee \overline{Q}) \vee P) \wedge (\overline{P} \vee P) \iff (I \vee \overline{Q}) \wedge I \iff I \wedge I \iff I$. よって, 任意の命題 P, Q について真である.
(2) $\overline{P} \vee ((P \vee Q) \wedge P) \iff (\overline{P} \vee (P \vee Q)) \wedge (\overline{P} \vee P) \iff ((\overline{P} \vee P) \vee Q) \wedge I \iff (I \vee Q) \wedge I \iff I \wedge I \iff I$. よって, 任意の命題 P, Q について真である. ∎
別解. (1) 吸収則 (定理 2.32) より, 任意の命題 P, Q について, $((P \wedge Q) \vee P) \Longrightarrow P$ が成り立つ. したがって, $((P \wedge Q) \vee P) \Longrightarrow P$ と同値な $\overline{(P \wedge Q) \vee P} \vee P$ も成り立つ.
(2) 吸収則 (定理 2.32) より, 任意の命題 P, Q について, $P \Longrightarrow ((P \vee Q) \wedge P)$ が成り立つ. したがって, $P \Longrightarrow ((P \vee Q) \wedge P)$ と同値な $\overline{P} \vee ((P \vee Q) \wedge P)$ も成り立つ. ∎
☞ 同値変形 2.4 節.

演習問題 2.80 の解答例. $\overline{(\overline{P} \vee (\overline{Q} \vee R)) \wedge (\overline{P} \vee Q)} \vee (\overline{P \vee R}) \iff \overline{\overline{P} \vee (\overline{Q} \vee R)} \vee \overline{\overline{P} \vee Q} \vee (\overline{P \vee R}) \iff (P \wedge Q \wedge \overline{R}) \vee ((P \wedge \overline{Q}) \vee \overline{P \vee R}) \iff (P \wedge Q \wedge \overline{R}) \vee (((P \vee \overline{P}) \wedge (\overline{Q} \vee \overline{P})) \vee R) \iff (P \wedge Q \wedge \overline{R}) \vee ((I \wedge (\overline{Q} \vee \overline{P})) \vee R) \iff (P \wedge Q \wedge \overline{R}) \vee (\overline{Q} \vee \overline{P} \vee R) \iff (P \wedge Q \wedge \overline{R}) \vee \overline{P \wedge Q \wedge \overline{R}} \iff I$ より,任意の P, Q, R に対して真である. ■

演習問題 2.86 の解答例. (1) $(|x - a| < \delta) \wedge (|f(x) - f(a)| \geq \varepsilon)$.
解説. $P \Rightarrow Q$ の否定は,$P \wedge \overline{Q}$ である. $|f(x) - f(a)| < \varepsilon$ の否定は,$|f(x) - f(a)| \geq \varepsilon$ である.
(2) $\exists x \in I, (|x - a| < \delta) \wedge (|f(x) - f(a)| \geq \varepsilon)$.
解説. $\forall x \in I$ は,$\forall x(x \in I)$ の省略形である. $\exists x \in I$ は $\exists x(x \in I)$ の省略形である. また,$\forall x(Q(x)), P(x)$ の否定は,$\exists x(Q(x)), \overline{P(x)}$ である.
(3) $\forall \delta > 0, \exists x \in I, (|x - a| < \delta) \wedge (|f(x) - f(a)| \geq \varepsilon)$.
解説. $\exists \delta > 0$ は,$\exists \delta(\delta \in \mathbf{R}, \delta > 0)$ の省略形である. $\forall \delta > 0$ は,$\forall \delta(\delta \in \mathbf{R}, \delta > 0)$ の省略形である. また,$\exists x(Q(x)), P(x)$ の否定は,$\forall x(Q(x)), \overline{P(x)}$ である.
(4) $\exists \varepsilon > 0, \forall \delta > 0, \exists x \in I, (|x - a| < \delta) \wedge (|f(x) - f(a)| \geq \varepsilon)$. ■

演習問題 2.93 の解答例. (1) 偽である.反例を挙げる.
$\alpha = \sqrt{2}, \beta = -\sqrt{2}$ とする.α, β は無理数である.しかし,$\alpha + \beta = 0$ は無理数ではない.
(2) 真である.証明する.
r を有理数,α を無理数とし,$r + \alpha$ が無理数でない,と仮定して矛盾を導く.$r + \alpha$ が無理数でないと仮定したから,$r + \alpha$ は有理数のはずである.よって,$\alpha = (r + \alpha) - r$ も有理数のはずである.しかし,これは大前提の α が無理数である,という仮定に反する.これは矛盾である.したがって,背理法により,r が有理数,α が無理数ならば,$r + \alpha$ は無理数である. ■

演習問題 2.95 の解答例. 正の実数 x が $x^2 = 3$ を満たし,しかも x が有理数であるとする.x は有理数なので,通分すれば,$x = \frac{m}{n}$,ただし,m, n は共通因子をもたない(互いに素)と表されるはずである.このとき,$\frac{m^2}{n^2} = 3$ となり,したがって,$m^2 = 3n^2$ が成り立つことになる.すると,m^2 は 3 の倍数なので,m も 3 の倍数で,m^2 は $3^2 = 9$ の倍数となり,$3n^2$ が 9 の倍数,したがって,n^2 が 3 の倍数,したがって,n が 3 の倍数ということになり,m, n は共通因子をもたないことに矛盾する.よって,正の実数 x が $x^2 = 3$ を満たすならば,x は無理数である. ■

演習問題 2.102 の解答例.

数列 (a_n) が発散する
$\iff \exists a \in \mathbf{R}, \forall \varepsilon > 0, \exists N \in \mathbf{N}, \forall n \in \mathbf{N}, (N < n \Rightarrow |a_n - a| < \varepsilon)$
$\iff \forall a \in \mathbf{R}, \exists \varepsilon > 0, \forall N \in \mathbf{N}, \exists n \in \mathbf{N}, (N < n \text{ かつ } |a_n - a| \geq \varepsilon)$. ■

演習問題 2.106 の解答例.

$\overline{\forall \varepsilon > 0, \exists \delta > 0, \forall x \in I, (|x-a| < \delta \Longrightarrow |f(x)-f(a)| < \varepsilon)}$
$\iff \exists \varepsilon > 0, \forall \delta > 0, \exists x \in I, (|x-a| < \delta \text{ かつ } |f(x)-f(a)| \geq \varepsilon).$ ■

第3章

演習問題 3.4 の解答例. $X = \{$ トンカツ,みそ汁,サラダ,コーヒー,アイスクリーム,真鯛のムニエル,コンソメスープ,カツカレー $\}$. ■

演習問題 3.9 の解答例. (1) $A = \{x \in \mathbf{R} \mid 0 \leq x \leq 1\}$.
(2) $U = \{x \in \mathbf{R} \mid -1 < x < 1\}$.
(3) $\mathbf{R}_{\geq 0} = \{x \in \mathbf{R} \mid x \geq 0\} = \{x \in \mathbf{R} \mid 0 \leq x\}$. ■

演習問題 3.16 の解答例. $S \subseteq T$ かつ $T \subseteq S$ が成り立つことを示す.

$S \subseteq T : n \in S$ とすると,n は2の倍数なので,ある $m \in \mathbf{Z}$ があって,$n = 2m$ が成り立つ.また,n は5の倍数なので,ある $\ell \in \mathbf{Z}$ があって,$n = 5\ell$ が成り立つ.このとき,$2m = 5\ell$ であるから,m は5の倍数である.(素因数分解の一意性からの帰結である).したがって,ある $k \in \mathbf{Z}$ があって,$m = 5k$ が成り立つ.したがって,その k に関して,$n = 2m = 10k$ が成り立つ.したがって,n は10の倍数であり,$n \in T$ が成り立つ.したがって,$S \subseteq T$ が成り立つ.

$T \subseteq S : n \in T$ とすると,n は10の倍数だから,n は2の倍数であり,かつ,n は5の倍数である.したがって,$n \in S$ が成り立つ.したがって,$T \subseteq S$ が成り立つ. ■

演習問題 3.17 の解答例. (1) $X \subseteq Y \iff \forall x, (x \in X \Rightarrow x \in Y)$. (2) $X \not\subseteq Y \iff \exists x, (x \in X$ かつ $x \notin Y)$. (3) $X \subsetneq Y \iff (X \subseteq Y$ かつ $X \neq Y)$. (4) $X \not\subsetneq Y \iff (X \not\subseteq Y$ または $X = Y)$. ■

演習問題 3.20 の解答例. (1) $\iff$ 任意の x に対し $P(x)$ が偽 $\iff$ (2). よって,(1) $\iff$ (2) が成り立つ.また,$\overline{\exists x, P(x)}$ は $\forall x, \overline{P(x)}$ と同値であるから,(3) $\iff$ (2) が成り立つ. ■

演習問題 3.28 の解答例. $S \subseteq (S \cup T) \cap S : x \in S$ とする.このとき,$x \in S \cup T$ であり,かつ,$x \in S$ なので,$x \in (S \cup T) \cap S$ が成り立つ.

$(S \cup T) \cap S \subseteq S$ は明らかである.よって,$(S \cup T) \cap S = S$ が成り立つ. ■

別解. 命題 $x \in S$ を $P(x)$,$x \in T$ を $Q(x)$ とおく.吸収則から $(P(x) \vee Q(x)) \wedge P(x)$ は $P(x)$ と同値である.したがって,$(S \cup T) \cap S = \{x \mid (P(x) \wedge Q(x)) \vee P(x)\} = \{x \mid P(x)\} = S$ が成り立つ. ■

演習問題の解答例　　　　　　　　　　　　　　　　　　　　　　　　　　　175

演習問題 3.30 の解答例. $R = \{$ 磁石，T シャツ，ハガキ，本，植木 $\}$, $O = \{$T シャツ，帽子，スニーカー，くつ下，植木 $\}$ なので，$R \cap O = \{$T シャツ，植木 $\}$ であり，$R \cup O = \{$ 磁石，T シャツ，ハガキ，本，植木，帽子，スニーカー，くつ下 $\}$ である. ∎

演習問題 3.37 の解答例. 任意の $\varepsilon > 0$ に対して，$[0,1] \subseteq (-\varepsilon, 1+\varepsilon)$ であるから，$[0,1] \subseteq \bigcap_{\varepsilon > 0}(-\varepsilon, 1+\varepsilon)$ が成り立つ. したがって，$\bigcap_{\varepsilon > 0}(-\varepsilon, 1+\varepsilon) \subseteq [0,1]$ を示せばよい. $x \notin [0,1]$ とする. このとき，$x < 0$ または $1 < x$ である. $x < 0$ のとき，$x < -\frac{|x|}{2}$ である. $1 < x$ のとき，$1 + \frac{|x-1|}{2} < x$ である. そこで，$\varepsilon = \min\left\{\frac{|x|}{2}, \frac{|x-1|}{2}\right\}$ とおくと，$x \notin (-\varepsilon, 1+\varepsilon)$ となる. したがって，$x \notin \bigcap_{\varepsilon > 0}(-\varepsilon, 1+\varepsilon)$ となる. $x \notin [0,1]$ ならば $x \notin \bigcap_{\varepsilon > 0}(-\varepsilon, 1+\varepsilon)$ が成り立つので，$x \in \bigcap_{\varepsilon > 0}(-\varepsilon, 1+\varepsilon)$ ならば $x \in [0,1]$ が成り立つ. したがって，$\bigcap_{\varepsilon > 0}(-\varepsilon, 1+\varepsilon) \subseteq [0,1]$ が成り立つ. 以上から，$\bigcap_{\varepsilon > 0}(-\varepsilon, 1+\varepsilon) = [0,1]$ が成り立つ. ∎

演習問題 3.38 の解答例. $\bigcap_{a \in A} T_a \subseteq [-1, 2]$：$x \in \bigcap_{a \in A} T_a$ とする. このとき，$-1 \leq x$ かつ $x \leq 2$ を背理法で示す. $x < -1$ と仮定する. $c = \frac{1-x}{2}$ とおくと，$x < -c < -1$ となり，$x \notin T_c$ かつ $c \in A$ が成り立つ. よって，$x \notin \bigcap_{a \in A} T_a$ となり矛盾となる. したがって，$-1 \leq x$ が成り立つ. また，$2 < x$ と仮定する. $d = \frac{2+x}{2}$ とおくと，$2 < d < x$ で，$x \notin T_d$ かつ $d \in A$ が成り立つ. よって，$x \notin \bigcap_{a \in A} T_a$ となり矛盾となる. したがって，$x \leq 2$ が成り立つ. 以上より，$\bigcap_{a \in A} T_a \subseteq [-1, 2]$ が成り立つ.

$[-1, 2] \subseteq \bigcap_{a \in A} T_a$：任意の $a \in A$ について，$-a < -1, 2 < 2a$ だから，$[-1, 2] \subseteq T_a$ が成り立つ. したがって，$[-1, 2] \subseteq \bigcap_{a \in A} T_a$ が成り立つ. ∎

演習問題 3.39 の解答例. 各 $b \in B$ について，$1 \leq b < 2$ なので $S_b = (0, b) \subseteq (0, 2)$ だから，$\bigcup_{b \in B} S_b \subseteq (0, 2)$ が成り立つ. 逆の包含関係 $(0, 2) \subseteq \bigcup_{b \in B} S_b$ を示す. 任意の $x \in (0, 2)$ をとる. $0 < x < 2$ だから，$c = \frac{x+2}{2}$ とおくと，$1 \leq c < 2$ かつ $x < c < 2$ なので，$c \in B$ かつ $x \in (0, c) = S_c$ が成り立つ. したがって，$x \in \bigcup_{b \in B} S_b$ が成り立つ. よって，$(0, 2) \subseteq \bigcup_{b \in B} S_b$ が成り立つ. 以上から，$\bigcup_{b \in B} S_b = (0, 2)$ が成り立つ. ∎

演習問題 3.52 の解答例. 包含関係 $\left(\bigcap_{a \in A} S_a\right)^c \subseteq \bigcup_{a \in A} S_a^c$ と $\bigcup_{a \in A} S_a^c \subseteq \left(\bigcap_{a \in A} S_a\right)^c$ を示せばよい.

$\left(\bigcap_{a \in A} S_a\right)^c \subseteq \bigcup_{a \in A} S_a^c$：$x \in \left(\bigcap_{a \in A} S_a\right)^c$ とする. $x \notin \bigcap_{a \in A} S_a$ である. ある $a \in A$ があって，$x \notin S_a$ すなわち $x \in S_a^c$. したがって，$x \in \bigcup_{a \in A} S_a^c$ が成り立つ.

$\bigcup_{a \in A} S_a^c \subseteq \left(\bigcap_{a \in A} S_a\right)^c$：$x \in \bigcup_{a \in A} S_a^c$ とする. ある $a \in A$ があって，$x \in S_a^c$ すなわち，$x \notin S_a$. このとき，$x \notin \bigcap_{a \in A} S_a$. よって，$x \in \left(\bigcap_{a \in A} S_a\right)^c$ が成り立つ.

以上のことから $\left(\bigcap_{a \in A} S_a\right)^c = \bigcup_{a \in A} S_a^c$ が示された.

例題 3.51 の別解と同様の方法でも証明できる. ∎

演習問題 3.58 の解答例. 下図の通り．ただし，破線部，白丸は含まない．

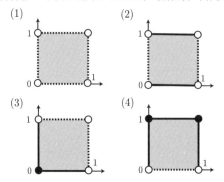

演習問題 3.75 の解答例. $m_1 \equiv m_2$, mod. n かつ $\ell_1 \equiv \ell_2$, mod. n とする．このとき，$\exists k \in \mathbf{Z}, m_1 - m_2 = kn$ が成り立つ．また，$\exists r \in \mathbf{Z}, \ell_1 - \ell_2 = rn$ が成り立つ．したがって，

$$(m_1 + \ell_1) - (m_2 + \ell_2) = (m_1 - m_2) + (\ell_1 - \ell_2) = kn + rn = (k+r)n$$

が成り立つ．$k + r \in \mathbf{Z}$ だから，$m_1 + \ell_1 \equiv m_2 + \ell_2$ が成り立つ． ■

演習問題 3.76 の解答例. $m_1 \equiv m_2$, mod. n かつ $\ell_1 \equiv \ell_2$, mod. n とする．このとき，$\exists k \in \mathbf{Z}, m_1 - m_2 = kn$ が成り立つ．また，$\exists r \in \mathbf{Z}, \ell_1 - \ell_2 = rn$ が成り立つ．したがって，

$$m_1 \ell_1 - m_2 \ell_2 = m_1(\ell_1 - \ell_2) + (m_1 - m_2)\ell_2 = m_1 rn + kn\ell_2 = (m_1 r + k\ell_2)n$$

が成り立つ．$m_1 r - k\ell_2 \in \mathbf{Z}$ だから，$m_1 \ell_1 \equiv m_2 \ell_2$ が成り立つ． ■

演習問題 3.85 の解答例. (1) $(a, b) \in S$ とする．$a = 1 \cdot a$, $b = 1 \cdot b$ だから，$(a, b) \approx (a, b)$ が成り立つ．
　$(a, b) \approx (a', b')$ とする．零でない実数 t が存在して，$a' = ta$, $b' = tb$ となる．このとき，$a = \frac{1}{t}a'$, $b = \frac{1}{t}b'$ となるから，$(a', b') \approx (a, b)$ が成り立つ．
　$(a, b) \approx (a', b')$ かつ $(a', b') \approx (a'', b'')$ が成り立つとする．零でない実数 t, t' が存在して，$a' = ta$, $b' = tb$ かつ $a'' = t'a'$, $b'' = t'b'$ が成り立つ．このとき，$a'' = t'(ta) = (t't)a$, $b'' = t'(tb) = (t't)b$ であり，$t't$ は零でない実数であるから，$(a, b) \approx (a'', b'')$ が成り立つ．
(2) $(a, b) \in X$ について，$t = \frac{1}{\sqrt{a^2 + b^2}}$ とし，$c = ta$, $d = tb$ とおく．すると，$(c, d) \in X$, $c^2 + d^2 = 1$ であり，$t \in \mathbf{R}, t \neq 0$ であるから，$(c, d) \approx (a, b)$ が成り立つ．

(3) $(c,d), (c',d') \in S^1$ とし,$(c,d) \approx (c',d')$ とする.零でない実数 t が存在して,$c' = tc, d' = td$ が成り立つ.このとき,$1 = c'^2 + d'^2 = (tc)^2 + (td)^2 = t^2(c^2 + d^2) = t^2$ であるから,$t = \pm 1$ となる.よって,$(c',d') = (\pm c, \pm d)$(複号同順)が成り立つ. ∎

演習問題 3.103 の解答例. 自然数 m に対して,$S_m = \{(m,n) \mid n \in \mathbf{N}\}$ とおく.すると,$\mathbf{N} \times \mathbf{N} = \bigsqcup_{m \in \mathbf{N}} S_m$ であり,各 S_m は $\mathbf{N}$ と順序同型であり,整列集合である.A を $\mathbf{N} \times \mathbf{N}$ の空でない部分集合とする.$B = \{m \in \mathbf{N} \mid A \cap S_m \neq \emptyset\}$ とおく.すると,B は $\mathbf{N}$ の空でない部分集合であるから最小要素をもつ.それを m_0 とする.このとき,$A \cap S_{m_0} \neq \emptyset$ である.$A \cap S_{m_0}$ は整列集合 S_{m_0} の空でない部分集合であるから最小要素をもつ.それを (m_0, n_0) とする.これが A の最小要素である.実際,$(m,n) \in A$ とすると,$m_0 \leq m$ である.$m_0 = m$ のとき,$(m,n) = (m_0, n) \in A \cap S_{m_0}$ であるから,$(m_0, n_0) \leq (m,n)$ である.よって,$\mathbf{N} \times \mathbf{N}$ は整列集合である. ∎

演習問題 3.107 の解答例. (1) $n = 1$ のとき $Q(1)$ が成り立つ.$n = k$ のとき $Q(k)$ が成り立つと仮定する.このとき,

$$1^2 + 2^2 + \cdots + k^2 + (k+1)^2 = \frac{k(k+1)(2k+1)}{6} + (k+1)^2$$
$$= \frac{(k+1)\{k(2k+1) + 6(k+1)\}}{6}$$
$$= \frac{(k+1)(2k^2 + 7k + 6)}{6}$$
$$= \frac{(k+1)(k+2)\{2(k+1) + 1\}}{6}$$

となり,$Q(k+1)$ も成り立つ.したがって,任意の $n \in \mathbf{N}, n \geq 1$ について,命題 $Q(n)$ が成り立つ.

(2) $n = 1$ のとき $R(1)$ が成り立つ.$n = k$ のとき $R(k)$ が成り立つと仮定する.このとき,

$$1^3 + 2^3 + \cdots + k^3 + (k+1)^3 = \frac{k^2(k+1)^2}{4} + (k+1)^3$$
$$= \frac{(k+1)^2\{k^2 + 4(k+1)\}}{4}$$
$$= \frac{(k+1)^2\{(k+1) + 1\}^2}{4}$$

となり,$R(k+1)$ も成り立つ.したがって,任意の $n \in \mathbf{N}, n \geq 1$ について,命題 $R(n)$ が成り立つ. ∎

演習問題 3.114 の解答例. $-1 \in T$ であり，任意の $x \geq 1$ に対し，$\frac{1}{x} \leq 1$. したがって $-1 \leq -\frac{1}{x}$ であるから，-1 は T の最小数である．T の最大数 M が存在すると仮定し，$M = -\frac{1}{k}, k \in \mathbf{R}, k \geq 1$ とおく．$k < k'$ となるように $k' \in \mathbf{R}$ をとる．すると，$\frac{1}{k} > \frac{1}{k'}$. したがって，$-\frac{1}{k} < -\frac{1}{k'}$ が成り立つ．$x = -\frac{1}{k'}$ とおくと，$x \in T$ で，かつ，$M < x$ となるので，M が T の最大数であることに矛盾する．したがって，T に最大数は存在しない． ∎

第 4 章

演習問題 4.6 の解答例. 式の記号は，この際，本質的な問題ではない．どちらも同じ関数を表している．（補足説明：理由があって変数を変えているのだろうから，区別するのが自然であるが，両方の定義域が実数全体であることを想定しているのであれば，まったく同じ関数を表している．ただし，このことは，あくまで定義域に属する任意の x について $f(x) = g(x)$ ということを意味していて，$f(x) = g(t)$ などと書くことはできない．） ∎

演習問題 4.18 の解答例. (1) $f(X) = \{10, 12, 14, 16, 18, 20, 22, 24, 26, 28, 30\}$, $f(S) = \{20, 22, 24, 26, 28, 30\}$.
(2) $f(X) \cap T = \{10, 12, 14, 16, 18, 20\}$, $f(S) \cap T = \{20\}$. ∎

演習問題 4.19 の解答例. (1) $f(\mathbf{R}) = \{x^2 - 1 \mid x \in \mathbf{R}\} = [-1, \infty) = \{y \in \mathbf{R} \mid -1 \leq y\}$.
(2) $f(\mathbf{R}_{>0}) = \{x^2 - 1 \mid x \in \mathbf{R}_{>0}\} = (-1, \infty) = \{y \in \mathbf{R} \mid -1 < y\}$. ∎

演習問題 4.21 の解答例. $S_1 \cap S_2 \subseteq S_1$ だから，$f(S_1 \cap S_2) \subseteq f(S_1)$ が成り立つ．また，$S_1 \cap S_2 \subseteq S_2$ だから，$f(S_1 \cap S_2) \subseteq f(S_2)$ も成り立つ．したがって，$f(S_1 \cap S_2) \subseteq f(S_1) \cap f(S_2)$ が成り立つ． ∎

別解 1. 任意に $y \in f(S_1 \cap S_2)$ をとる．$x \in S_1 \cap S_2$ が存在して，$y = f(x)$ となる．$x \in S_1$ だから，$y \in f(S_1)$. また $x \in S_2$ だから $y \in f(S_2)$. よって，$y \in f(S_1)$ かつ $y \in f(S_2)$. これより，$y \in f(S_1) \cap f(S_2)$. こうして，任意の $y \in f(S_1 \cap S_2)$ に対し，$y \in f(S_1) \cap f(S_2)$ が示された．したがって，$f(S_1 \cap S_2) \subseteq f(S_1) \cap f(S_2)$ が成り立つ． ∎

別解 2. 論理式の変形を用いる：

$y \in f(S_1 \cap S_2)$
$\iff \exists x \in S_1 \cap S_2, y = f(x) \iff \exists x, (x \in S_1 \cap S_2) $ かつ $(y = f(x))$
$\iff \exists x, (x \in S_1$ かつ $y = f(x))$ かつ $(x \in S_2$ かつ $y = f(x))$
$\implies \exists x, \exists x', (x \in S_1$ かつ $y = f(x))$ かつ $(x' \in S_2$ かつ $y = f(x'))$
$\iff y \in f(S_1) \cap f(S_2)$.

（下から 2 行目が $\iff$ ではなく，$\implies$ なのは，$x = x'$ にとれるとは限らないからである．）よって，$f(S_1 \cap S_2) \subseteq f(S_1) \cap f(S_2)$ が成り立つ． ∎

演習問題 4.28 の解答例. $h([0,1)) = (-1,0]$ である. $(-1,0]$ の最大要素は 0 である. $(-1,0]$ の最小要素は存在しない.（最小要素 $m = \min(-1,0]$ が存在するとする. $m \in (-1,0]$ である. $-1 < m \leq 0$ であるが, $x = \frac{-1+m}{2}$ とすると, $x \in (-1,0]$ であり, $x < m$ となり矛盾となる.）したがって, h の最大値は 0 であり, h の最小値は存在しない. ∎

演習問題 4.30 の解答例. (1) $f(\mathbf{R}) = [-1, \infty)$ だから, f の最大値はない. 最小値は -1. 上限はない. 下限は -1.
(2) $g(\mathbf{R}_{>0}) = f(\mathbf{R}_{>0}) = (-1, \infty)$ だから, g の最大値はない. 最小値はない. 上限はない. 下限は -1. ∎

演習問題 4.40 の解答例. ほんの一例だが,

$$f(x) = \begin{cases} \frac{3}{2}x + \frac{1}{2} & (-1 \leq x \leq 0), \\ \frac{1}{2}x + \frac{1}{2} & (0 < x \leq 1). \end{cases}$$

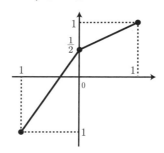

∎

演習問題 4.41 の解答例. (1) 写像は 2^{n+1} 個. そのうち, 全射でないものは, 定値写像 0 と定値写像 1 の 2 個だから, 全射は $2^{n+1} - 2 = 2(2^n - 1)$ 個. 単射はない.
(2) 写像は $(n+1)^2$ 個. 全射はない. 単射でないのは, $n+1$ 個あるから, 単射は $(n+1)^2 - (n+1) = n(n+1)$ 個.（**別解**. 0 の行き先が $n+1$ 通り. それが決まると, 1 の行き先は, n 通り. だから, $(n+1)n = n(n+1)$ 通り.） ∎

演習問題 4.44 の解答例.

$$f^{-1}(y) = \begin{cases} \frac{2}{3}y - \frac{1}{3} & (-1 \leq y \leq \frac{1}{2}), \\ 2y - 1 & (\frac{1}{2} < y \leq 1). \end{cases}$$

∎

演習問題 4.47 の解答例. $U = \{80, 81, \ldots, 100\}$ とおくとき, 合格者の集合は $f^{-1}(U)$ で表される.
$f^{-1}(U) = \{6, 7, 10, 12, 13, 14, 17, 18, 20, 22, 23, 24, 25, 29, 30, 32, 38, 39,$
$\qquad\qquad\qquad\qquad\qquad 41, 42, 46, 48, 50\}.$

∎

演習問題 4.48 の解答例. (1) $f^{-1}(f(\{3\}))$, $f^{-1}(f(\{3\})) = \{3, 27, 33, 43\}$.
(2) $f^{-1}(f(\{3, 21, 41\}))$, $f^{-1}(f(\{3, 21, 41\})) = \{3, 4, 7, 12, 21, 27, 33, 37, 39, 41, 43, 50\}$. ∎

演習問題 4.51 の解答例. $f^{-1}(T_1 \cup T_2) \subseteq f^{-1}(T_1) \cup f^{-1}(T_2)$：$x \in f^{-1}(T_1 \cup T_2)$ とする．$f(x) \in T_1 \cup T_2$ だから，$f(x) \in T_1$ または $f(x) \in T_2$ を得る．したがって，$x \in f^{-1}(T_1)$ または $x \in f^{-1}(T_2)$ であるので，$x \in f^{-1}(T_1) \cup f^{-1}(T_2)$ となる．よって，$f^{-1}(T_1 \cup T_2) \subseteq f^{-1}(T_1) \cup f^{-1}(T_2)$ が成り立つ．

 $f^{-1}(T_1) \cup f^{-1}(T_2) \subseteq f^{-1}(T_1 \cup T_2)$：$x \in f^{-1}(T_1) \cup f^{-1}(T_2)$ とする．$x \in f^{-1}(T_1)$ または $x \in f^{-1}(T_2)$ だから，$f(x) \in T_1$ または $f(x) \in T_2$ を得る．したがって，$f(x) \in T_1 \cup T_2$ であるので，$x \in f^{-1}(T_1 \cup T_2)$ となる．よって，$f^{-1}(T_1) \cup f^{-1}(T_2) \subseteq f^{-1}(T_1 \cup T_2)$ が成り立つ．

 以上のことから，$f^{-1}(T_1 \cup T_2) = f^{-1}(T_1) \cup f^{-1}(T_2)$ が成り立つ． ∎

別解. $x \in f^{-1}(T_1 \cup T_2) \iff f(x) \in T_1 \cup T_2 \iff (f(x) \in T_1)$ または $(f(x) \in T_2) \iff (x \in f^{-1}(T_1))$ または $(x \in f^{-1}(T_2)) \iff x \in f^{-1}(T_1) \cup f^{-1}(T_2)$ が成り立つので，$f^{-1}(T_1 \cup T_2) = f^{-1}(T_1) \cup f^{-1}(T_2)$ が成り立つ． ∎

演習問題 4.52 の解答例. (1) $x \in f^{-1}(\bigcap_{a \in A} T_a) \iff f(x) \in \bigcap_{a \in A} T_a \iff \forall a \in A, (f(x) \in T_a) \iff \forall a \in A, (x \in f^{-1}(T_a)) \iff x \in \bigcap_{a \in A} f^{-1}(T_a)$ より，求める等式が成り立つ．
(2) $x \in f^{-1}(\bigcup_{a \in A} T_a) \iff f(x) \in \bigcup_{a \in A} T_a \iff \exists a \in A, (f(x) \in T_a) \iff \exists a \in A, (x \in f^{-1}(T_a)) \iff x \in \bigcup_{a \in A} f^{-1}(T_a)$ より，求める等式が成り立つ． ∎

演習問題 4.55 の解答例. $f : \mathbf{R}^2 \to \mathbf{R}$ を $f(x, y) = x^2 + y^2$ で定める．このとき，$D^2 = f^{-1}([0, 1])$ である．（$D^2 = f^{-1}((-\infty, 1])$ も成り立つ．） ∎

第 5 章

演習問題 5.3 の解答例. $\forall \boldsymbol{x} \in \mathbf{R}^n, A\boldsymbol{x} = \boldsymbol{0} \Rightarrow \boldsymbol{x} = \boldsymbol{0}$. ∎

演習問題 5.4 の解答例. $\forall a \in \mathbf{R}, \forall b \in \mathbf{R}, \forall c \in \mathbf{R}, \exists x \in \mathbf{R}, x^3 + ax^2 + bx + c = 0$. ∎

演習問題 5.9 の解答例. (1) P：「$f(x)$ が a において微分可能である」．Q：「$f(x)$ は a において連続である」．
(2) 「実数値関数 $g(x)$ が $b \in \mathbf{R}$ において微分可能ならば，$g(x)$ は b において連続である」．
(3) 「『任意の実数値関数 $f(x)$ は $a \in \mathbf{R}$ において微分可能』という命題は偽」という説明は正しいが，「したがって，上の定理は偽である」という推論は正しくない．P が真の場合に Q が真になるかどうか，で命題 $P \Rightarrow Q$ の真偽が決まるからである．
(4) 逆：$f(x)$ が a で連続ならば，$f(x)$ が a で微分可能である．対偶：$f(x)$ が a で

演習問題の解答例   *181*

連続でないならば，$f(x)$ が a で微分可能でない．
(5)「$\exists c \in \mathbf{R}, \lim_{x \to a} \dfrac{f(x) - f(a)}{x - a} = c \Longrightarrow \lim_{x \to a} f(x) = f(a)$」．
(6)「$\left(\exists c \in \mathbf{R}, \forall \varepsilon > 0, \exists \delta > 0, \ 0 < |x - a| < \delta \Longrightarrow \left| \dfrac{f(x) - f(a)}{x - a} - c \right| < \varepsilon \right) \Longrightarrow$
$(\forall \varepsilon > 0, \exists \delta > 0, |x - a| < \delta \Longrightarrow |f(x) - f(a)| < \varepsilon)$」．
(7) 前提，結論，微分可能，連続． ∎

演習問題 5.10 の解答例． (1) If $a = 1$, then $a^2 = 1$.
(2) If x is an integer, then $x + 1$ is an integer. (**別解．** For any integer x, we have that $x + 1$ is an integer.)
(3) If x is an integer, then $2x$ is an even number. (**別解．** For any integer x, we have that $2x$ is an even number.)
(4) If x is a real number, then x^2 is a non-negative real number. (**別解．** For any real number x, we have that x^2 is a non-negative real number.) ∎

演習問題 5.11 の解答例． (1) $\forall k(k \in \mathbf{Z}), \exists m(m \in \mathbf{Z}), k \leq m$. これと同値な書き換えとしては，$\forall k, k \in \mathbf{Z} \Longrightarrow (\exists m, (m \in \mathbf{Z}) \land (k \leq m))$．
 $k \in \mathbf{Z}$ のとき，$m = k$ ととれば，$(m \in \mathbf{Z}) \land (k \leq m)$ が成り立つので，真である．
(2) $\exists m(m \in \mathbf{Z}), \forall k(k \in \mathbf{Z}), k \leq m$. これと同値な書き換えとしては，$\exists m, (m \in \mathbf{Z}) \land (\forall k, k \in \mathbf{Z} \Rightarrow k \leq m)$．
 $\forall k, k \in \mathbf{Z} \Rightarrow k \leq m$ が成り立つような整数 m は存在しないので，偽である． ∎

演習問題 5.14 の解答例． $\sqrt[3]{9}$ が有理数であると仮定する．有理数の定義から整数 a, b ただし $a \neq 0$ が存在して，$\sqrt[3]{9} = \dfrac{b}{a}$ が成り立つ．$\sqrt[3]{9}a = b$ である．両辺を 3 乗して，$9a^3 = b^3$ となる．$a = 2^m 3^n \cdots, b = 2^\ell 3^s \cdots$ と素因数分解する．ここで，m, n, ℓ, s は 0 以上の整数である．すると，$9a^3 = 2^{3m} 3^{3n+2} \cdots, b^3 = 2^{3\ell} 3^{3s} \cdots$ となり，素因数分解の一意性から，$3n + 2 = 3s$ となる．$2 = 3(s - n)$．したがって，2 が 3 の倍数ということになり，矛盾が導かれる．背理法により，$\sqrt[3]{9}$ が無理数であることが示された． ∎

演習問題 5.16 の解答例． $P = p_1 \cdot p_2 \cdots p_N + 1$ の素因数の 1 つを p とする．P は $p_1, p_2, \ldots, p_N$ のどれでも割り切れないから，p は $p_1, p_2, \ldots, p_N$ と異なる素数である．このように，いくらでも素数を作れるので，素数は無限にある． ∎

演習問題 5.18 の解答例． (1) 命題 P は真である．証明：$a \in \mathbf{R}$ と $\varepsilon > 0$ が任意に与えられた後は，$\delta > 0$ を $\delta = \sqrt[3]{\varepsilon + |a|^3} - |a|$ とすると，$|x - a| < \delta$ をみたす x

に対して

$$\begin{aligned}|x^3 - a^3| &= |x-a||x^2 + ax + a^2| \\ &= |x-a||(x-a)^2 + 3a(x-a) + 3a^2| \\ &\leq |x-a|(|x-a|^2 + 3|a||x-a| + 3|a|^2) \\ &< \delta(\delta^2 + 3|a|\delta + 3|a|^2) \\ &= (\delta + |a|)^3 - |a|^3 = (\varepsilon + |a|^3) - |a|^3 = \varepsilon\end{aligned}$$

となる.

(2) 命題 Q は偽である. Q が真であると仮定して,矛盾を導く.任意の $\varepsilon > 0$ に対し, $\delta > 0$ が存在し,任意の $a, x \in \mathbf{R}$ に対して, $|x-a| < \delta$ ならば $|x^3 - a^3| < \varepsilon$ が成り立つと仮定しよう.任意に $\varepsilon > 0$ をとり,それに応じて,存在するはずの $\delta > 0$ をとる.特に, $a = \sqrt{\frac{2\varepsilon}{3\delta}}, x = a + \frac{\delta}{2}$ とする.すると, $|x-a| = \frac{\delta}{2} < \delta$ であるが, $|x^3 - a^3| = |x-a||(x-a)^2 + 3(x-a) + 3a^2| = \frac{\delta}{2}|(\frac{\delta}{2})^2 + 3\frac{\delta}{2} + \frac{2\varepsilon}{\delta}| = \frac{\delta}{2}((\frac{\delta}{2})^2 + 3\frac{\delta}{2} + \frac{2\varepsilon}{\delta}) = \varepsilon + \frac{3\delta^2}{4} + \frac{\delta^3}{8} > \varepsilon$ となり矛盾が導かれる.したがって,命題 Q は偽である. ∎

あとがき

　本書『論理・集合・数学語』では，いくつかの「数学語」の説明をした後，第2章から「素朴論理学」と「素朴集合論」を説明している．素朴論理学はアリストテレスを起源とする形式論理学である．普通の数学者が普通の数学の研究で使っている論理である．アリストテレスの自然に関する多くの考察は，現代科学の観点からすると多くが意義を失っているようだが，論理学に限って言えば，アリストテレスの論理学は健在である．自由な考察を旨とする数学にとって，その基本となる論理は保守的でよいのである．論理が不変でなくては考えづらくて仕方がないのである．論理が不変でなかったら，自由な考察を行いづらくなってしまうからだ．たとえば，クロネッカーやブラウアーの「直観論理」，バーコフ，フォン・ノイマンの「量子論理」などがあり，非常に興味深いテーマであるが，それらの論理はあくまで研究の対象であって，数学の研究や教育で日常使える論理，というわけではない．素朴論理学に基づいて，素朴集合論を説明する，それらが「数学の探検」での基本スキルだからだ，というのが本書の考え方である．

　　　　　われ未だ普通の数学を知らず，いずくんぞ数学の基礎を知らんや．

そうだ．われわれは，論理と集合という古くても丈夫な袋をたずさえて，まだ見ぬ世界の宝探しに，初々しい一歩一歩をいま，刻んでいるのだ．

　この本の執筆は，筆者にとっても，数学の基本を改めて見直す非常によい機会になった．基本的なことを改めて意識して取り上げた結果，言わずもがな，書かずもがな，書かなくてよい当たり前のことも，いろいろ書いたかもしれない．その点については素直に読者からのご叱責を仰ぎたい．

　最後に，執筆の機会を与えて頂いた編集委員の皆様と，お世話になった共立出版の赤城圭さん，大谷早紀さんに深く感謝したい．

　　　　　　　　　　　　　　　　　　　　　　　　　　　　　　石川剛郎

余談

R君　：数学っていろいろ役に立つそうだね．
N君　：本当かな．実際に役に立つなんて聞いたことないよ．知らないよ．
Oさん：役に立つかどうか，まず数学を学んで実感してみたら．
R博士：そうね．どう応用できるか，始めからわかっていたらかえってつまらないよね．それに，学んだ結果の知識も大事だけど，学ぶこと自体が，学んでいく過程が，知的基礎体力を高めてくれることになるね．
I先生：ふむ．孔子先生曰く「習いて学ばざれば，すなわち暗し，学びて習わざれば，すなわち危うし」．「論語」の中の有名な言葉である．ことわざにも，「習うより慣れよ」という言葉がある．「門前の小僧，習わぬ経を読む」ということわざもあるが…
一同　：先生，何を言っているのかわかりません…
I先生：「学びて，時にこれを習う，またよろこばしからずや，友，遠方より来る，また楽しからずや，わかる奴だけわかればいいや」ということだよ．まあ，数学が役に立つかどうかはともかく，数学は楽しいよ．数学のスキルなんてどうでもいいよ．本当に楽しいからやっているんだよ…
一同　：それを言ったらおしまいです．

おしまい．

参考文献

　入門的な論理と集合については，良書が多数出版されている．皆さんの好みに応じて選択して読んでみるのがよい．本書と同程度のわかりやすい解説書としては，たとえば文献

[1] 中内伸光『数学の基礎体力をつけるためのろんりの練習帳』共立出版 (2002).
[2] 中内伸光『ろんりと集合』日本評論社 (2009).
[3] 中島匠一『集合・写像・論理：数学の基本を学ぶ』共立出版 (2012).

がある．文献

[4] 嘉田勝『論理と集合から始める数学の基礎』日本評論社 (2008).

では，ブール代数などより進んだ内容まで説明されている．本書で触れなかった集合の話題について丁寧に書かれているものとしては，文献

[5] 福田拓生『集合への入門―無限をかいま見る』培風館 (2012).

を挙げる．論理や集合の他の基礎的知識についても書かれた良書も多数出版されている．たとえば文献

[6] 日本大学文理学部数学科『数学基礎セミナー』日本評論社 (2003).

を挙げておく．数学の知識ではなくスキル，特にライティングについて書かれた本としては，

[7] 結城浩『数学文章作法 基礎編』ちくま学芸文庫，筑摩書房 (2013).

がわかりやすくてよい．文献

[8] K. Houston, *How to Think Like a Mathematician*, Cambridge University Press (2009).

は特色ある内容でおもしろいので，英文であるが挙げておく．
　また次の文献は，本書で教材として引用したものである：

[9] 石川剛郎，上見練太郎，泉屋周一，三波篤郎，陳蘊剛，西森敏之『線形写像と固有値』共立出版 (1996).
[10] 高木貞治『解析概論』改訂第 3 版，岩波書店 (1961).
[11] J. Milnor, *Morse Theory*, Annals of Mathematical Studies **51**, Princeton Univ. Press (1963). (和訳：ミルナー『モース理論―多様体上の解析学とトポロジーとの関連―』志賀浩二 訳，吉岡書店 (1968).)

ちなみに，文献 [10] は微分積分学の名著として有名である．本書で得たスキルを実践して読んでみることをぜひお勧めする．文献 [11] は，筆者が大学院修士課程用のテキストとして使用している名著である．
　次の文献も本文中に引用している：

[12] 吉田洋一『零の発見―数学の生い立ち―』岩波新書，岩波書店 (1939).
[13] ダグラス・R・ホフスタッター『ゲーデル，エッシャー，バッハ―あるいは不思議の環』野崎昭弘，はやし・はじめ，柳瀬尚紀 訳，白揚社 (1985).
[14] C. リード『ヒルベルト―現代数学の巨峰―』彌永健一 訳，岩波書店 (1972)，文庫版：岩波現代文庫，岩波書店 (2010).

文献 [12] も定評のある啓蒙書である．数学を専門とする方の必須の教養として読むことをお勧めする．文献 [13] もおもしろい本である．文献 [14] は有名な数学者ヒルベルトの伝記である．「数学の本は教科書しか読んだことがない」ということでは，数学の研究や教育の動機づけが生まれないので，この種の啓蒙

書の存在は大きい.

　本書は数学基礎論や数理論理学の入門書ではないが, それらの話題に関する専門書も多数ある. たとえば文献

[15]　前原昭二『記号論理入門』日本評論社, 新装版 (2005).

はわかりやすい. 文献

[16]　林晋, 八杉満利子 訳・解説『ゲーデル 不完全性定理』岩波文庫, 岩波書店 (2006).

はゲーデルの不完全性定理の原論文の翻訳書であるが, その解説部分は, 歴史的な背景が明解に書かれていて, その部分だけでも筆者は大変参考になったので挙げておく.

索　引

【ア行】

アインシュタインの規約　22
値　118, 121

イメージ　125

上に有界　112
裏　46

$\varepsilon\text{-}N$ 論法　65

同じ濃度をもつ　147

【カ行】

開区間　79
下界　112
拡張　141
下限　113, 129
関数　128

逆　8, 46
逆写像　133
逆像　134
共通部分　84

区間　78

結論　4
ゲーデルの不完全性定理　154
元　74

恒偽命題　56
コーシー列（実数列）　152
コーシー列（有理数列）　151
恒真命題　56
合成　138
恒等写像　142
ゴールドバッハの予想　163
個数　147

【サ行】

最小元　105
最小数　110
最小値　128
最小要素　105
最大元　105
最大数　110
最大値　128
最大要素　105
差集合　89
三段論法　33

始域　121
下に有界　112

実数値関数　128
射影　143
写像　121
終域　121
集合　73
収束する　65, 67
十分条件　4
順序　104
順序関係　104
順序集合　104
順序対　123
上界　112
上限　113, 129
条件　29
条件文　29
商写像　143
商集合　103
剰余集合　103
真偽表の意味　31
真理集合　96

推移則・推移律　98

制限　140
整列集合　106
絶対値　112
切断　144
全射　130
全順序　105
全順序集合　106
選択写像　144
全単射　130
前提　4

像　121, 125
添字　20
属する　74

【タ行】

対偶　45
対称則・対称律　98
代表元　101
単射　130

値域　121
直積　93

定義域　118, 121

同値　34
同値関係　97
同値である（同値関係に関して）　98
同値変形　34
同値類　100
ド・モルガンの法則　91

【ナ行】

2項関係　97
2重添字　21

濃度　148

【ハ行】

排中則・排中律　42
背理法　11
背理法モード　65
発散する　67
反射則・反射律　98
反例　61

非交差和　87
必要十分条件　38
必要条件　4
否定命題　42
等しい（関数が）　119

等しい（写像が） 124
等しい（集合が） 80

フェルマの予想 164
含まれる 80
含む 80
部分集合 80

べき集合 96
ベルンシュタインの定理 148
ペレリマンの定理 164
変域 28

ポアンカレの予想 164
包含写像 142
法として合同 99
補集合 90

【マ行】

無限集合 83

命題関数 28
命題の族 28

【ヤ行】

有界である 112
有限集合 83

要素 74

【ラ行】

ラッセルのパラドックス 115

リーマン仮説 3, 165

連続 70

【ワ行】

ワイルスの定理 164
和集合 84

Memorandum

Memorandum

〈著者紹介〉

石川　剛郎（いしかわ　ごうお）
1985 年　京都大学大学院理学研究科博士課程数学専攻修了
現　在　北海道大学大学院理学研究院数学部門 教授
　　　　北海道大学トポロジー理工学教育研究センター 教授（兼任）
　　　　北海道大学電子科学研究所附属社会創造数学研究センター 教授（兼任）
　　　　理学博士
専　門　幾何学（特異点論，トポロジー，実代数幾何，サブリーマン幾何）
著　書　『行列と連立一次方程式』（共著，共立出版，1996）
　　　　『線形写像と固有値』（共著，共立出版，1996）
　　　　『応用特異点論』（共著，共立出版，1998）
　　　　『代数曲線と特異点』（共著，共立出版，2001）
　　　　『愛ではじまる微積分』（プレアデス出版，2008）
　　　　『よろず数学問答』（日本評論社，2008）など

共立講座 数学探検　第 3 巻
論理・集合・数学語
Logic, Set, and Mathematical Language

2015 年 12 月 25 日　初版 1 刷発行
2025 年 3 月 1 日　　初版 4 刷発行

著　者　石川剛郎　ⓒ2015
発行者　南條光章
発行所　共立出版株式会社
　　　　郵便番号 112-0006
　　　　東京都文京区小日向 4 丁目 6 番 19 号
　　　　電話 (03) 3947-2511（代表）
　　　　振替口座 00110-2-57035 番
　　　　URL www.kyoritsu-pub.co.jp

印　刷　加藤文明社
製　本　協栄製本

検印廃止
NDC 410.9
ISBN 978-4-320-11176-9

一般社団法人
自然科学書協会
会員

Printed in Japan

JCOPY ＜出版者著作権管理機構委託出版物＞
本書の無断複製は著作権法上での例外を除き禁じられています．複製される場合は，そのつど事前に，出版者著作権管理機構（TEL：03-5244-5088，FAX：03-5244-5089，e-mail：info@jcopy.or.jp）の許諾を得てください．

「数学探検」「数学の魅力」「数学の輝き」の三部からなる数学講座

共立講座 数学探検 全18巻

新井仁之・小林俊行・斎藤 毅・吉田朋広 編

数学に興味はあっても基礎知識を積み上げていくのは重荷に感じられるでしょうか？ 「数学探検」では、そんな方にも数学の世界を発見できるよう、大学での数学の従来のカリキュラムにはとらわれず、予備知識が少なくても到達できる数学のおもしろいテーマを沢山とりあげました。時間に制約されず、興味をもったトピックを、ときには寄り道もしながら、数学を自由に探検してください。

❶微分積分
吉田伸生著 準備／連続公理・上限・下限／極限と連続Ⅰ／他‥‥‥定価2640円

❸論理・集合・数学語
石川剛郎著 数学語／論理／集合／関数と写像／他‥‥‥‥‥‥‥定価2530円

❹複素数入門
野口潤次郎著 複素数／代数学の基本定理／一次変換と等角性／他 定価2530円

❻初等整数論 数論幾何への誘い
山崎隆雄著 整数／多項式／合同式／代数系の基礎／他‥‥‥‥‥定価2750円

❼結晶群
河野俊丈著 図形の対称性／平面結晶群／結晶群と幾何構造／他‥‥定価2750円

❽曲線・曲面の微分幾何
田崎博之著 準備／曲線／曲面／地図投映法／他‥‥‥‥‥‥‥‥定価2750円

❾連続群と対称空間
河添 健著 群と作用／リー群と対称空間／他‥‥‥‥‥‥‥定価3190円

❿結び目の理論
河内明夫著 結び目の表示／結び目の標準的な例／他‥‥‥‥‥‥定価2750円

⓬ベクトル解析
加須栄 篤著 曲線と曲面／ベクトル場の微分と積分／他‥‥‥‥‥‥定価2750円

⓭複素関数入門
相川弘明著 複素関数とその微分／ベキ級数／他‥‥‥‥‥‥‥‥定価2750円

⓯常微分方程式の解法
荒井 迅著 常微分方程式とは／常微分方程式を解くための準備／他 定価2750円

⓱数値解析
齊藤宣一著 非線形方程式／数値積分と補間多項式／他‥‥‥‥‥定価2750円

【各巻：A5判・並製本・税込価格】

■続刊テーマ■

❷線形代数‥‥‥‥‥‥‥戸瀬信之著
❺代数入門‥‥‥‥‥‥‥梶原 健著
⓫曲面のトポロジー‥‥‥‥橋本義武著
⓮位相空間‥‥‥‥‥‥‥松尾 厚著
⓰偏微分方程式の解法‥‥‥石村直之著
⓲データの科学 山口和範・渡辺美智子著

※続刊テーマ、執筆者、価格は予告なく変更される場合がございます。